大学生积极心理教育

大学新生活，携手"心"成长

◆ 主　编　葛思华

◆ 副主编　郭静静

◆ 编　者　翁　洁　李　霈　白　丽　向　红
　　　　　王　芳

华东师范大学出版社

上海

图书在版编目（CIP）数据

大学生积极心理教育：大学新生活，携手"心"成长/葛思华主编. —上海：华东师范大学出版社，2016

ISBN 978 - 7 - 5675 - 5448 - 1

Ⅰ.①大… Ⅱ.①葛… Ⅲ.①大学生－心理健康－健康教育 Ⅳ.①B844.2

中国版本图书馆 CIP 数据核字（2016）第 157681 号

大学生积极心理教育
——大学新生活，携手"心"成长

主　　编　葛思华
项目编辑　皮瑞光
特约审读　孙　聪
责任校对　邓华琼
装帧设计　俞　越

出版发行　华东师范大学出版社
社　　址　上海市中山北路 3663 号　邮编 200062
网　　址　www. ecnupress. com. cn
电　　话　021 - 60821666　行政传真 021 - 62572105
客服电话　021 - 62865537　门市（邮购）电话 021 - 62869887
地　　址　上海市中山北路 3663 号华东师范大学校内先锋路口
网　　店　http://hdsdcbs. tmall. com/

印 刷 者　上海景条印刷有限公司
开　　本　787×1092　16 开
印　　张　11.5
字　　数　264 千字
版　　次　2016 年 8 月第 1 版
印　　次　2022 年 8 月第 8 次
书　　号　ISBN 978 - 7 - 5675 - 5448 - 1/G·9652
定　　价　27.00 元

出 版 人　王　焰

（如发现本版图书有印订质量问题，请寄回本社客服中心调换或电话 021 - 62865537 联系）

前言

大学阶段是青年学生个性形成的关键时期,也是个性心理转折的关键期。近年来,校园悲剧频发,大学生的健康成长和心理健康教育已经成为人们关注的问题,如何培养青年学子的健康心态、健全人格,是当前高等教育需要履行的最为重要、最为迫切的职责和义务,也是我们高等教育过程能够给予当代大学生的最好礼物。

大学生心理健康教育不仅关系到学生个人的成长,更关系到国家和民族的未来,大学生心理健康教育是一项系统工程,渗透到大学教育的每一个环节,其中开设心理健康教育课程,普及心理健康知识,教会大学生心理调节的方法是最重要的途径之一。本教材的编写具有两个特点:第一,以大学生形象原型桔小小的漫画故事开启每章内容,故事来源大学生活,或幽默风趣或引人反思,很好地串联了大学生心理生活的点点滴滴。第二,每章均渗透了积极心理学的相关知识。积极心理学(positive psychology)是 20 世纪末在美国兴起的心理学思潮,由美国心理学家 Martin E. P. Seligman 倡导,是一门研究人类幸福的科学。它强调增强人自身的积极力量和积极品质,由过去重视治愈转变为重视积极预防。借助积极心理学的理论和方法,增加个人感知幸福的积极情绪体验,培养个人的优势和美德,提升"心理资本",是心理健康教育的新趋势。

我们在教学实践中发现,通过活动对学生进行心理健康教育能够收到很好的效果。根据大学生集体生活和班级授课的特点,运用团体动力学的理论,在团体的情境下,借助团体的力量和各种心理辅导的技术,针对大学新生初入大学阶段普遍存在环境适应、自我认知、人际交往、挫折应对、情绪调控、个性完善、学会学习、恋爱认知和价值观等方面的突出的心理问题设计了许多生动、有效的活动项目进行训练。每个章节最后都有拓展阅读,包括推荐书目、电影、网络课堂等,还配有拓展活动与心理测试。突出了以人育人、以心育心、师生互动、共同成长的理念,突出以学生为主、活动为主、优化为主,突出实践与体验。

本书的作者均为从事大学生心理健康教育工作多年的教师,具有扎实的心理学理论基础和丰富的心理咨询经验。本书由葛思华任主编,郭静静担任副主编,郭静静确定全书结构和体例,葛思华审稿和统稿。全书采用集体讨论、分工编写的方式进行。各章作者名单如下:第一章翁洁,第二章、第三章、第九章郭静静,第四章、第八章李霈,第五章向红,第六章、第七章白丽,第十章王芳。

本书编者也是通过 2015 福建省教育规划办课题组(FJJKCG15—192)成员,多次探讨,确定本书从大学生积极心理构建的角度串联各章内容。我们衷心感谢所有关心和支持本教材编写和出版的老师们；衷心感谢我们所有参考文献的作者们，是你们的辛勤劳动给予我们智慧与启迪；还特别感谢闽江师范高等专科学校小桔灯心理健康协会的同学们，为桔小小漫画配图。感谢大家的辛勤劳动和大力支持！

对于教材中存在的不足和错误之处，诚望读者批评指正。

编　者

2016 年 7 月 1 日

目录

第一章 绪 论

大学新生活,携手"心"成长

开 卷 寄 语

人生剧场没有彩排,无谓好坏不可更改。
时间之箭永不停歇,活在当下方能主宰。
过去将你造就现在,现在你可连接未来。
生活多彩亦有无奈,积极改善耐心等待。

人际之交本无应该,感恩微笑置换友爱。
心灵彼岸花开成海,携手并肩一一采摘。

岔路徘徊穿越阴霾，蜕变之旅无人例外。

开拓舞台各自成才，开启全新大学时代！

　　这是一个物质极大丰富的时代，这是一个价值多元化的时代，这是一个科技飞速发展的时代，这是一个信息大爆炸的时代，这是一个生活方式受到挑战不断变更的时代，这是一个在成长中常常体验到矛盾与冲击的时代……是的，我们都生活在这个时代，拥有许多相似的经历、共同的记忆。站在来路，也站在去路，我们既是社会变迁和转型的见证者，更是时代的传承者和开拓者！

　　著名的发展心理学家皮亚杰说过："智力的本质是适应。"当代著名作家、心理咨询师毕淑敏也曾提到："一个人在温饱问题解决之后，就会更多地关注自己内心的渴求，这是进步和文明的表现，是现代社会不可阻挡的趋势。"21世纪的社会现代化正催化着人类心智成长的现代化，它要求我们能够开放经验迎接新事物，愿意终身学习，保持积极进取的心态，独立自主并拥有创造性。这是我们赖以生存的时代，而它正召唤着我们不断学习，发展自我，积极适应它的变化。大学生，作为接受高等教育的青年人，承载着国家和社会未来的希望，更是时代发展与进步的希望。拥有健康和谐的身心不仅是时代的要求，更是大学生成长成才的重要基石。

　　大学阶段，是一个人身心成长的重要阶段。从中学升入大学，每个人都会遇到成长过程中的各种挑战。这些挑战可能来自要独立生活、学习方式转变、情绪情感的把控、人际关系处理以及个人生涯规划发展等方面。而每一个话题都与大学生的心理健康和成长有着密切的关系。了解和掌握心理学、心理健康的知识，塑造自我健康人格，就像是为一场漫长的徒步旅行准备了一支手电筒，使你在旅途中遭遇黑暗的时候，可以让自己有一束光，照亮前方。

　　也许，现在的你开始好奇，到底什么是心理健康？关心身边的人是否安好？你或许想要了解哪些因素可能会影响你的心态平和？好奇心理咨询对自己能有什么帮助？想要了解有没有更好的方式可以迎接和应对突如其来的变化和挑战？想要知道除了一个人闷着心事或找人说说话以外，还有没有其他可以更好地帮助自己调节心态的方法……

　　在接下来的篇章里，我们将一起通过探索找到想要的答案。心灵成长之旅，就从这一章开始吧！

【开卷手记】

　　假设你触发了一个时空开关，未来的你穿越而来与现在的你相遇。大学毕业后的你正穿着学士服站在你面前，你觉得他（她）会对你说什么？

_____

_____

_____

小小日记

我是桔小小。今天是我来到大学校园的第一天。有个地方看起来蛮特别的,门口挂着红色的"心理信箱",据说那里是学校的心理咨询室。我还挺好奇的,在门口溜达了一会儿,门上挂着"咨询中"的牌子,感觉里面神神秘秘的?! 本宝宝最后还是决定赶紧走吧,免得被人以为我有病。＞_＜|||

不知道里面的咨询师通常在搞些什么,莫非在催眠? 在读心? 或者是在算命么??? 呃,感觉有点微妙啊。话说,会有人去吗? 去的人都有啥问题呀? 很严重吧……心理咨询这玩意儿,不就是聊聊天嘛,还不如找朋友说说话,会有用吗? ……

点 评

桔小小的困惑里或多或少反映了当代一些大学生对心理健康、心理咨询、心理工作从业者认识上的误区。至于究竟心理学是什么,心理健康和心理咨询是怎么回事,请跟随我们一起来认识它们!

学习目标

1. 正确认识心理学、心理健康、心理咨询
2. 掌握心理健康的判定标准
3. 了解大学生常见的心理困扰和原因
4. 培养正确的大学生心理咨询态度和观念

学习手记

第一节　心理学与心理健康

　　尽管现在越来越多的人开始对心理学感兴趣,人们也越来越重视心理健康,但对心理学与心理健康的认识,人们似乎还是习惯于依赖日常接触到的小说、电视剧、电影,以及一些电视媒体、网络媒体或综艺类节目的宣传等途径来获得。随着中小学心理健康教育工作的普及,大学生们多少会提到自己的心理教师和心理健康教育课,然而即使接触过相关的课程,对于"心理学"、"心理健康"仍是一知半解,误会重重。

一、认识心理学

【互动游戏】　我眼中的心理学

活动目的:了解每个人关于心理学的认识

时　　间:10 min

活动方式:1. 每4个人为一个讨论组。

　　　　　2. 在下列任务卡里填写尽可能多的你对心理学的认识。

　　　　　3. 分享一下组内每个人的看法并讨论:

　　　　　　● 你们组里有哪些看法是相似的?

　　　　　　● 你获得了哪些关于心理学的新信息,请用另一种颜色的笔补充在旁边。

　　　　　4. 跟全班同学分享你们小组的讨论结果,也听听其他组的分享。

我眼中的"心理学"

　　（1）用一些词形容你眼中的心理学:＿＿＿＿＿＿＿＿

　　（2）我认为心理学的作用有:＿＿＿＿＿＿＿＿

　　（3）心理学工作者的工作对象通常是:＿＿＿＿＿＿

　　（4）我所知道的心理相关的技能有:＿＿＿＿＿＿＿

　　（5）我知道的与心理学有关的电影/电视/书籍/节目有:＿＿＿＿＿＿

(一) 心理学是什么

1. 心理学的界定

　　心理学的英文是"Psychology",由古希腊文字"Psyche"和"Logos"组成,前者是"心灵或灵魂"的意思,而后者则是"解说或阐述"之义。因此两者合起来,即意味着"对心灵的解说",这是心理学中最早的定义。

心理学其实是一门古老又年轻的学科,它最初源于哲学。记忆心理学家艾宾浩斯曾经说过:"心理学有一个漫长的过去,却只有一段短暂的历史。"人类很早就把对"心灵"的探讨视为哲学上的重要课题,心理学在漫长的哲学思辨过程中孕育力量。直到19世纪末,随着生理学、物理学等学科在方法学上的影响,它才开始逐渐脱离哲学,逐渐成为一门独立的科学。1879年,德国心理学家冯特在莱比锡大学建立的第一个心理学实验室标志着科学心理学的诞生,也使冯特成为了科学心理学的第一代"掌门人"。但是,早期心理学的研究范围上仅仅局限于人的感知觉、反应时、记忆等内容。到了20世纪20—60年代,心理学又被界定为是研究行为的科学,因为行为是可以被观察、可量化研究的外显活动。随着心理学研究不断深入,人们又修正了对行为研究的过度倚重,加上了"心理历程",使得认知、情绪、自我意识、性格等许多方面的内容都补充进该学科。"内外兼修"的心理学展现了现代心理学的特征,也渐渐有了比较统一的界定:心理学是研究人的心理现象的科学,具体来说是研究人的行为和心理活动规律的科学。

2. 心理学的研究领域

心理学兼有自然科学和社会科学的性质,既是基础学科同时又是应用科学。随着学科的发展,心理学的研究范围涉及越来越广,渗透于人类生活的各个领域,产生了不同的分支学科,拥有各自探讨的对象和内容。比如,为什么早上醒后和晚上睡前记单词效果比较好?人的情绪是怎么回事?为什么人们看起来性格各异?这些是普通心理学要回答的问题。关于世界,婴儿知道些什么?人的心理与行为是怎么随着年龄增长而发展的?遗传与环境因素哪个对人的心理发展影响更大?这些是发展心理学关注的问题。有哪些学习策略可以促进知识的获得?老师怎么教知识,学生更容易理解?学习动机不强怎么办?这些是教育心理学研究的问题。为什么人们喜欢从众?怎么改变别人的态度?怎么建立良好的第一印象?偏见、攻击是怎么回事?这是社会心理学可以教会你的。大脑如何对人类日常活动进行分工?男生和女生的脑神经活动过程有什么差异吗?思维、情绪的指挥中心在脑的哪些部位?这是生理心理学可以解答的问题。领导是怎么起作用的?怎样使员工更加努力地工作?怎样能让人尽其才、人岗匹配呢?这是管理心理学要研究的内容。广告是怎么影响人们消费行为的?为何有人总喜欢买同一个牌子的商品?"11.11"的消费狂潮受到哪些因素的推动?网页广告投放在哪个位置效果最好?这是消费心理学、广告心理学感兴趣的内容。从仪器仪表设计到工作环境的布局,怎样设计才能使人的疲劳减到最小、效率达到最高?手机App的界面如何设计用户体验最好,操作起来更便捷?这是工程心理学探讨的内容。目击者证词可以完全相信吗?罪犯作案的动机是什么?哪些因素容易诱发犯罪行为?这是犯罪心理学、司法心理学会涉及的内容。失重状态下人的心理和行为会有什么变化?宇航员的选拔在心理素质上有哪些要求?这些是航天航空心理学最关切的问题。与行为矫正和心理治疗相关的还有临床心理学,通过运用心理学原理诊断和治疗心理问题,对于尚未达到心理异常情况的受困扰者,则需要开展心理咨询,通过专业的会谈和疏解技术,协助来访者找到问题的症结所在,摆脱不恰当的认知和行为模式,提高社会适应性……关于心理学的研究还有方方面面,几乎人类活动的任何一个领域都有心理学的研究,都需要心理学的参与！这也体现了心理学对人们的重要性。

(二) 心理学不是什么

1. 误区1：心理学就是心理咨询

心理咨询作为一个新兴行业近年来被人们所熟知。随着不断涌现的心理咨询中心、心理门诊、心理咨询热线、心理电台等,越来越多的人以实际应用的角度去认识心理学,甚至将它当作了心理学的代名词。

澄清：心理咨询仅仅是心理学应用的一个分支。它的目的在于帮助人们应对生活中的困扰,增加幸福感,更好地发展自我,提高心理健康水平和完善人格。这是一项专业性很强,责任重大的职业活动。心理学涉及的范围很广,可应用于管理领域、司法领域、教育领域、工程设计、社会影响、航天航空等许多领域,可以说,有人的地方就有心理学的用武之地。

2. 误区2：心理学就是看透人心

大多数人对影视作品中创作出来的"读心术"这一"特技"非常感兴趣。尤其是在那些与犯罪心理有关的作品中被应用似乎更是神妙,所谓的心理学者只要瞄一眼案发现场,就能读取作

案当时的场景或是能推断出罪犯有什么特点并锁定嫌疑人。还有人认为心理学就是算命,很玄很神秘,有的人甚至认为心理学是骗人的"伪科学"。非专业的人们常常表示,心理学工作者应该都能够洞穿人心,因此一见到他们就问"你是学心理学的,那你说说我正在想什么?"

澄清：心理学家没有所谓的"读心术"。也许心理学者可以根据自己所积累的职业经验、专业知识和研究结论,更敏感地觉察到你的体验,更懂得如何去贴近和理解你的感受;也许他们可以通过你的外在特征或测验结果来推测、形成与你有关的许多假设,但这都需要通过沟通来澄清和确认,人与人的彼此理解是需要交流来实现的。换句话来说,你不说,谁知道呢！若非要从"揣摩别人的所思所想"这个意义来说,那我们每个人都算业余的心理学家了。我们看到别人耷拉着脑袋坐在窗前哭泣,就推测到也许他发生了不开心的事情;就连五岁的小朋友也知道妈妈板着脸就是不高兴了,得乖乖呆着不能胡闹。可见每个人都能对他人在日常生活中的所思所想所感进行推测判断,并调整自己接下来的行为反应。心理学研究就是通过人的外显行为和情绪表现等来研究心理现象,并将这些现象科学化、规律化并合理应用的过程,即描述、解释、预测和控制的学科作用。

3. 误区3：心理学跟精神病患者和变态打交道

不少电影基于话题性的考量,以"心理电影"制造噱头和商业卖点,却往往在选材上比较极端,频频向观众展现心理异常的画面,并且特地在配乐选择和掌镜手法上下功夫,营造出神秘、恐怖的气氛迎合观众,在取得高票房的同时也使大众产生了对心理学的偏见和认识上

的误区。尽管人们知道电影的展示存在夸张和片面的部分,但仍无法否认内心对心理学始终还是有种"怪怪的"感觉。很多人以为心理学就是常常要跟精神病患者、变态打交道,只有这些人才需要心理学工作者。他们还觉得要离临床心理学工作者远点,以免被别人认为自己"有病"。

澄清:别将心理学家和精神病学家弄混淆了,两个职业的工作对象并不相同。精神病学家从事精神疾病和心理问题的治疗工作,他们的工作对象是所谓"变态(abnormal)"的人,这里的"异常"是指心理异常。精神科医生具有处方权,他们在治疗患者的过程中可以根据病情需要使用药物,他们也必须要接受心理学的专业培训。心理咨询工作者可以协助已康复的心理异常患者进一步改善状况和预防复发,但并不能使用药物。心理咨询协助的对象是存在心理困扰的正常人。大多数心理研究都针对正常人的心理现象,如儿童的心理发展规律、性别差异表现在哪些方面、跨文化比较、老年人心理特点……

4. 误区4:心理学就是搞催眠和解梦

这样的误区主要是受到了著名的精神分析心理学家弗洛伊德的影响。在人们眼中,弗洛伊德就是心理学家的典型代表,他使用催眠、释梦,那么心理学家就都会催眠和解梦。再加上电影《爱德华大夫》《催眠大师》等的影响,使催眠和释梦广为大众所知,人们认为催眠和解梦似乎应该是心理学家继"读心术"之后的"招牌本领"。

澄清:催眠、释梦仅是精神分析心理学家在心理治疗中常用的治疗方法。但开展临床心理工作的方法还有很多,如行为矫正、认知调整、完形治疗、艺术治疗……许多心理学理论流派都发展出了各种优秀的临床技术服务于人们。大多数心理学家的工作并不涉及催眠或释梦,他们有的从事心理学实验工作,有的使用行为观察,有的从事教育或管理。即使从事临床心理工作也大多各自拥有擅长的临床治疗技术,甚至对于某些来访者的情况,未必需要用到催眠或释梦的方法。

二、认识心理健康

正如人的身体偶尔会犯"感冒"一样,人的心理也会有不舒服的时候。随着现代社会生活节奏越来越快,工作压力越来越大,人们越来越多地感到,心理的"不舒服"常常来犯。因此近年来,心理健康也像身体健康一样,开始受到了人们的重视。心理学的应用性也就自然延伸到了人们心理健康的领域中来。

1. 健康新观念

1948年世界卫生组织(WHO)成立,在其宪章中开宗明义地指出:"健康是身体上、精神上和社会适应上的完满状态或完全安宁,而不仅是没有疾病或虚弱"。

1978年,国际初级卫生保障大会所发表的《阿拉木图宣言》再次重申了健康整体、全面、综合的观念,指出"健康不仅是疾病与体弱的匿迹,而且是身心健康、社会幸福的完善状态"。

1989年世界卫生组织深化了健康观念,认为"健康不仅是没有疾病,而且包括躯体健康、心理健康、社会适应良好和道德健康"。

现在人们普遍认可了这样的健康观。因此,我们除了要拥有健康的身体,还应拥有健康的心理和行为,不但要个体身心状态和谐,更要以现代人的文明和修养与社会、环境和谐共存,良好适应才是真正的健康。

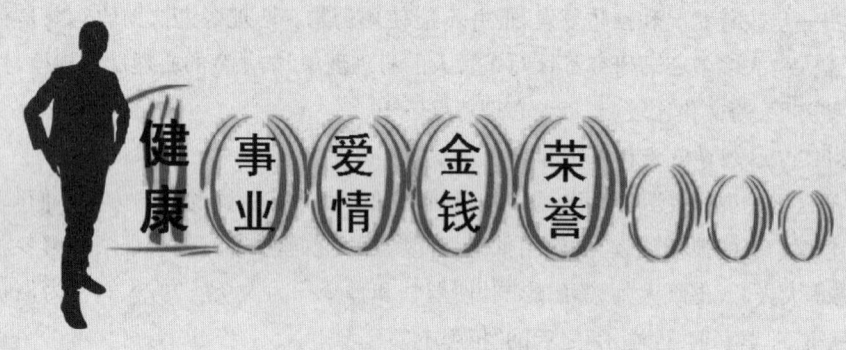

2. 心理健康的含义

心理健康(psychological well-being 或 mental health),指的是一种良好的心理或精神状态。从广义上来说,心理健康是指个体在适应环境的过程中,生理、心理和社会性方面协调一致,保持一种高效而满意的心理状态;从狭义上来说,是指个体自身的认知、情感、意志、行为、人格的完整和协调。根据《简明不列颠百科全书》作出的定义:"心理健康是指个体心理的本身在环境许可范围内所能达到的最佳状态,不是指绝对的十全十美状态。"在我国,国家心理咨询师的培训教程中曾明确指出:"心理健康是指心理形式协调、内容与现实一致和人格相对稳定的状态"。

1946 年,第三届国际心理卫生大会对心理健康的定义是:"所谓心理健康,是指在身体、智能以及情感上与他人的心理健康不相矛盾的范围内,将个人心境发展成最佳的状态。"该定义既强调了对所在社会群体心理健康水平的参照,同时也强调了个体化的心理优化发展。

3. 心理健康的标准

心理健康的标准不像生理健康那样可以提供精确的指标,并且随着社会文化和时代的不同,心理健康的标准也会发展与变化。以下我们将为大家列举一些国内外有影响力的观点:

第三届国际心理卫生大会认定心理健康的标志是:"身体、智力、情绪等十分协调;适应环境,人际关系中彼此能谦让;有幸福感;在工作和职业中能充分发挥自己的能力,过有效的生活。"

人本主义心理学家马斯洛(Maslow)和米特尔曼(Mittelman)提出心理健康的十项标准,被称为是"标准"中的"标准":(1)有足够的自我安全感;(2)能充分地了解自己,并能对自己的能力作出适当的评价;(3)生活的目标切合实际;(4)能与现实环境保持接触;(5)能保持人格的完整与和谐;(6)善于从经验中学习;(7)能保持良好的人际关系;(8)适当的情绪表达和情绪控制;(9)在符合集体要求的前提下,能有限度地发挥个性;(10)在不违背社会规范的前提下,对个人的基本要求能得到恰如其分的满足。

我国台湾学者黄坚厚(1982)提出了衡量心理健康的四条标准:(1)乐于工作,能在工作中发挥智慧和能力,以获取成功和满足;(2)乐于与人交往,能和他人建立良好的关系,与人相处时正面态度多于反面态度;(3)对自己有适当了解和悦纳的态度;(4)能与环境保持良好的接触,并能运用有效的方法解决所遇到的问题。

我国心理学家郭念峰(1986)在《临床心理学概论》中指出评估心理健康水平的十个标准:(1)心理活动强度;(2)心理活动耐受力;(3)周期节律性;(4)意识水平;(5)暗示性;(6)康复能力;(7)心理自控力;(8)自信心;(9)社会交往;(10)环境适应能力。该标准被简称为"郭十条",广为行业所接受,并被写入我国心理咨询师培训教程。

国内学者姚本先(2002)提出的心理健康标准:(1)智力正常;(2)情绪良好;(3)意志健全;(4)人格统一完整;(5)自我意识正确;(6)人际关系和谐,社会适应良好;(7)心理特点符合年龄特征。该标准也被较为广泛地采用为大学生心理健康的标准。

我国心理学者吴增强(2004)通过综述国内外学者从不同的方面所做的论述发现,关于心理健康的标准基本集中在四个方面:(1)保持良好的心理状态;(2)具有良好的社会适应性;(3)具备积极的成长发展趋势;(4)具有高尚的道德伦理精神,并指出心理健康的人应该具备进步的价值观、积极的人生观、责任感、奉献精神和正义感,强调了一个心理健康的个体应该具备的道德伦理精神。该标准补充了道德伦理标准,吻合1989年世界卫生组织的健康观中所补充的"道德健康",符合现代化社会的时代要求,成为学校心理辅导的航标。

综上所述,尽管国内外学者意见不一,各抒己见,但我们不难发现,这些论述里基本都会涉及到"个人与自我"、"个人与他人"、"个人与环境"的良好关系状态。因此,我们认为,一个心理健康的大学生,在"个人与自我"的关系上,应该表现为拥有正确的自我意识,能够自我悦纳,既不妄自尊大也不妄自菲薄,独立自信、乐观积极、耐挫进取,有良好的学习力和成长力,做好个人情绪管理,能够合理表达、宣泄、控制和调节自己,拥有完整稳定的人格;在"个人与他人"关系上,应该表现为乐于交往、敢于交往、善于交往,交往动机端正,拥有广泛人际关系同时也拥有稳定的知心朋友,面对和恰当处理人际冲突,客观评价和认识他人,能够理解和宽容他人;在"个人与环境"关系上,能够和谐适应于自然与社会环境,保持一定的经验开放与良好的对外接触,尊重社会群体规范,在文明道德的前提下自我满足,参照社会群体发展符合年龄特征的心理和行为,客观现实地认识社会环境,主动适应现实,调整个体需要与环境的矛盾,保持协调一致发展。

4. 正确看待心理健康标准

心理健康的标准为大学生们提供了理想尺度,也指明了提高心理健康水平的努力方向,每个个体都可以在现有的心理状态的基础上追求更高的层次,不断完善自我,发挥自身的潜能,成为更好的自己。

同时,我们应该了解,每个人的心理健康的状态都并不是固定不变的,而是一个动态变化的过程,所以情绪有起伏,状态有好坏,想法有可能通透也可能纠结,这些都是非常常见的现象,切莫慌张地认为自己有点消极的心理状态和行为表现就意味着自己心理异常了。

事实上,心理健康、心理不健康、心理正常、心理异常是四个不同的概念。心理正常包括了心理健康和心理不健康的人群,只是"正常"水平高低和程度各不相同而已,这些人在个体发展的过程中可能会遇到心理困扰或是发展上的瓶颈或是想要成为更好的自己而不断完善自己,人们可以自己排解,也可以在感到难以摆脱的时候去寻求专业的心理帮助来协助自己度过成长困境。只有心理异常的人才是通常意义上的心理有障碍或是所谓"有病"的人群,通常他们更需要接受的是康复性的治疗。

从良好的心理健康状态到严重的心理疾病之间有广阔的过渡带(参见下文的心理健康"灰色区"示意图),并没绝对的界限,只是程度的差异而已。大学生基于自己的发展特点和社会生活现实的挑战,在成长和适应大学生活的过程里容易遇到各种心理发展的问题与困扰,这通常会让我们陷入"浅灰色"的心理不健康区域中去,但也不必慌张,这种动态的变化在我们努力成长的过程中常会发生。只要我们加强心理健康保健的意识,懂得使用自我帮助的方法和寻求专业帮助的策略,并愿意面对和解决,一定能迎来全新的成长与蜕变,去拥抱一个崭新的自己!

	白　　纯白	浅灰色	深灰色	纯黑　　黑
人员	健康人格 自信心高 适应力强	各种由生活人际关系压力而产生的心理冲突的人 其他心理困扰者	各种变态人格及人格异常与障碍之人	精神病患者
服务人员	无须	心理咨询员 社会工作者	心理医师 心理门诊大夫	精神科医生
服务模式	无须	咨询心理学模式	临床心理学模式	医学模式

图1-1　心理健康"灰色区"示意图

【知识卡片】　健康新理念

10 项新标准

根据现代生物—心理—社会医学模式,世界卫生组织确定了个体健康的10项标准。

- 有足够的充沛的精力,能从容不迫地应付日常生活和工作的压力而不感到过分紧张。
- 处事乐观,态度积极,乐于承担责任,大事小事都不挑剔。
- 善于休息,睡眠良好。
- 应变能力强,能适应环境的各种变化。
- 能够抵抗一般性感冒和传染病。
- 体重适当,身体匀称,站立时头、臂、臀位置协调。
- 眼睛明亮,反应敏捷,眼睑不发炎。
- 牙齿清洁,无空洞,无痛感,齿龈颜色正常,无出血现象。

- 头发有光泽,无头屑。
- 肌肉、皮肤富有弹性,走路感觉轻松。

"五快"与"三良好"

为了便于大众理解,世界卫生组织将健康标准重新表述概括为"五快"和"三良好"。

"五快"是指:

- 吃得快。进餐时,有良好的食欲,不挑剔食物,并能很快吃完一顿饭。
- 便得快。一旦感觉有便意,能很快排泄完大、小便,而且感觉良好。
- 睡得快。有睡意,上床后能很快入睡,且睡得好,醒后头脑清醒,精神饱满。
- 走得快。行步自如,步履轻盈。
- 说得快。思维敏捷,口齿伶俐。

"三良好"是指:

- 良好的个性人格。情绪稳定,性格温和;意志坚强,感情丰富;胸怀坦荡,豁达乐观。
- 良好的处事能力。观察问题客观、现实,具有较好的自控能力,能适应复杂的社会环境。
- 良好的人际关系。助人为乐,与人为善,对人际关系充满热情。

第二节　心理咨询面面观

一、正确认识心理咨询

【互动游戏】　七嘴八舌话咨询

活动目的:了解大家日常如何看待心理咨询这一活动

时　　间:5 min

活动方式:1. 每4个人为一个讨论组。

　　　　　2. 填写下列任务卡里的问题,并与小组成员分享你的看法。

　　　　　3. 请组长向全班分享你们组的讨论结果。

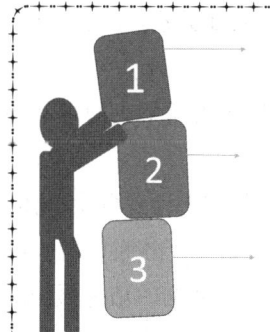

1 你认为心理咨询有用吗? 为什么?

_____

2 咨询师和来访者在咨询室里如何工作? 做什么?

_____

3 心理咨询要进行几次? 每次多长时间? 间隔多久?

_____

(一) 心理咨询是什么

说到心理咨询,大部分人都会提到它的存在对于人们心理健康维护的必要性。随着心理健康不断受到社会大众的重视，"心理咨询"一词渐渐被人们所熟知。大部分人还是相信心理咨询能够在一定程度上解决心理问题。当发现身边的人遇到心理困扰的时候，我们会想到可以建议他们考虑接受心理咨询。然而，有趣的是，当自己遇到问题的时候，大多数人却还是选择向身边的亲人、朋友倾诉或自我调节，即使一切并不奏效，也宁愿自己一个人坚持忍受着糟糕的状态。造成这种矛盾的现象的原因，主要还是来自人们对心理咨询的不甚了解。一部分人认为心理咨询不过就是聊聊天，与身边的人聊也一样；另一部分人认为只有心理问题比较严重的人才去心理咨询，自己还能扛，不想被"贴上标签"；还有些人担心自己的隐私被谈论或是无法信任心理咨询师……究竟心理咨询是什么呢？

关于心理咨询的定义，中外不同学者各有各的界定。

罗杰斯(C. Rogers, 1942)将心理咨询解释为：通过与个体持续的、直接的接触，向其提供心理帮助并力图促使其行为、态度发生变化的过程。

威廉森等(1949)将心理咨询解释为：A、B两个人在面对面的情况下，受过心理咨询专门训练的A，向在心理适应方面出现问题并祈求解决问题的B提供援助的过程。其中A是咨询师，B是求助者。

里斯曼(D. R. Riesman, 1963)指出："咨询乃是通过人际关系而达到的一种帮助过程、教育过程和成长过程。"

帕特森(C. Patterson, 1976)在《学校中的咨询者》中写道："咨询是一种人际关系，在这种关系中咨询人员提供一定的心理气氛或条件，使对象发生变化，作出选择，解决自己的问题，并且形成有责任的独立个性，从而成为更好的人和更好的社会成员。"

张人俊等(1987)认为："心理咨询是通过语言、文字等媒介，给咨询对象以帮助、启发和教育的过程。通过心理咨询，可以使咨询对象的认识、情感和态度有所变化，解决其在学习、工作、生活、疾病和康复等方面出现的心理问题，从而更好地适应环境，保持身心健康。"

马建青(1992)在其《辅导人生——心理咨询学》一书中认为："心理咨询定义为运用有关心理科学的理论和方法，通过解答咨询对象(即来访者)的心理问题(包括发展性心理问题和障碍性心理问题)，来维护和增进身心健康，促进个性发展和潜能开发的过程。"

钱铭怡(1994)在其《心理咨询与治疗》的教材中认为，"咨询是通过人际关系，运用心理学的方法，帮助求助者自强自立的过程。"

我国心理咨询师的培训教材中将心理咨询界定为"心理咨询师协助求助者解决心理问题的过程"。

从以上这些定义来看，我们不难发现，心理咨询工作涉及心理咨询师和求助者两个群体，从职业关系来看，彼此是"帮"和"求"的关系，提供的是心理方面的帮助，协助个体自己解决问题，即"助人自助"，而不是单纯地给建议，更不是大包大揽和包办替代，因此咨询的结果不是来访者从咨询师那里得到了什么解决问题的办法，而是来访者获得了自己解决问题的资源和支持，而这些资源和力量主要来自来访者自己内部；从工作方式来看，需要基于心理学的理论、技术、方法和操作规程，通过所建立的信任的咨访关系起作用，开展专业的交谈、探讨、协商和解释等等，不是日常随意的聊天，不是只有倾诉和安慰，也不是咨询师单方面武断地给些笼统的建议。同时,每个咨询师完全有可能因各自所持的理论基础和观点不同,而在具体咨询中采用不同的处理方式。因此,工作的形式是专业的心理帮助,过程需要咨访双方共同协商、共同参与;从工作目标来看,心理咨询所要解决的是要带有心理性质的问题,生活问题和具体的决策结果并不属于心理咨询的目标,但因这些问题引起的负面情绪或心理冲突就可以是心理咨询的问题。通常以促进个体的变化和自我成长,使之良好适应和心理健康为目标。

(二)心理咨询的原则

1. 保密原则

误区:"我担心自己的事情被咨询师知道了,会不会泄露出去……"

心理咨询因服务的特殊性,受助者往往会袒露许多个人的信息,经由自我探索还会产生更多个人的资料,无论是什么样的内容,在心理咨询中都被视为受助者的个人隐私,予以保密。这是心理咨询中最重要的原则,未经来访者同意,咨询师不能以任何方式向任何人或机构透露来访者的一切咨询信息,即使是学术需要或个案辅导需要,也不能直接引用受助者完整资料或透露任何可辨识的个人信息,如有特殊需要录音或使用其他记录方法之类,更要征求受助者的同意,且严格对资料保密。作为咨询师,必须严格遵循保密原则,对受助者资料妥善保管。也有一些保密例外的情况,一是当求助者有可能自伤或对他人造成伤害的时候,出于保护求助者或其他人的目的需要,这时将遵循相关的法律或规定解密;二是当求助者的改变需要其他人的协助的时候,需要和有关的人讨论和交换求助者的情况,这时候需要咨访双方共同讨论决定部分解密的内容;三是在纯专业领域内,与同行商讨咨询中的问题或接受专业督导,这些都是为了给求助者更有效的帮助,确保服务的专业性。保密原则是最根本的原则,也是双方建立信任的人际互动关系的重要前提。每一个咨询师都必须严格遵守,校园心理辅导也同样适用。因此大学生求助者们不必过于担心而贻误求助。

2. 助人自助原则

误区:"心理咨询不就是我问他(她)答,听他(她)给建议?……"

助人自助从字面来说,就是指心理咨询是帮助求助者自己帮助自己的工作。正所谓,"授人以鱼,不如授人以渔"。心理咨询师不是为来访者出主意、想办法,而是通过心理咨询来帮助来访者增强自己帮助自己的能力,理清楚问题的所在,从而找出问题解决的办法。每个人都有自己解决问题的能力,只是因为受到一些因素的阻碍,不利于自身能力和资源的调动,心理咨询就是要通过协助来访者排除那些阻碍重新获得问题解决的力量,或是协助来访者通过获得一些新的视角、建立新的合理的行为模式来增加自身的资源,促进个体力量的成长,对自己的问题症状负起责任,达成积极的改善。心理咨询要求咨询师在工作中做到价值中立,客观而不带批判地接纳求助者,而过多地给予建议将难免融入咨询师的个人价值和判断,也影响个体自我问题解决能力的发掘。

咨询师就像是人们成长路上的垫脚石,在困难的时候予以接纳、尊重和支持,但并非是哆啦A梦的百宝袋,藏着什么问题都能解决的锦囊;咨询师就像是人们向上攀登时的一根拐杖,在体力不支的时候提供力量和支撑,恢复之后人们便可摆脱它奔走;咨询师就像一面镜子,映照出来访者的内心,帮助个体更好地成为真实的自己,发展出自己的潜能,而并非是所谓的"智库"或是"问答录"。因此,咨询过程更多的是双方共同的参与和探索,咨询师是专业的陪伴者和引导者,协助前来求助的来访者获得自我帮助的能力。

3. 限制性原则

误区:"我想跟咨询师做朋友,这样有事就能一直找他(她)了……"

心理咨询中有一些限制要求,同时也是保证咨询效果的重要条件,主要涉及咨询师的职责限制、时间限制、感情限制和咨询目标限制。

在心理咨询中,很多人误以为只要把心理困扰告诉咨询师,让咨询师去替自己解决那些恼人的事情就可以了。其实咨询师的责任不是无限的,心理问题的解决有赖于来访者自愿改变的求助动机和对自己产生困扰的原因的领悟,这是由心理咨询的性质决定的。咨询师的职责受限于咨询任务,而咨询的任务只解决心理问题本身,而不包括引发心理问题的具体事件。

心理咨询必须遵守时间限制,通常一次50—60分钟,两次咨询之间的时间间隔一般为1周,特殊情况应由咨询师与求助者共同协商决定。有时一次咨询并不能完成,也会分几次面谈。时间的限定,有助于使谈话的焦点集中于问题处理上,帮求助者更加深刻地考虑问题,两次咨询之间有间隔,可使求助者有机会充分体验咨询的感受,并在生活实践中去落实自己的改变,使"助人"的咨询活动得以有机会酝酿和转化为"自助"过程。对于依赖性强的求助者,在时间限制的设置下也能够学习在咨询师的支持和鼓励下面对问题,发掘自身的资源和能力,获得成长。

所谓感情限制,是指咨询工作要以有助于求助者成长为最终目的,咨询师不能与求助者建立除咨访关系以外的其他关系。因为双重关系的建立会阻碍咨询的进程,甚至会瓦解咨访关系,不利于问题解决和个体成长。个体间的密切接触不仅容易造成依赖,也容易使咨询师失去客观判断的能力。因此,诸如咨询结束后一起吃饭、喝咖啡或是送礼,或是在咨询室以外的其他地方进行咨询等等行为都是不允许的。咨询结束,咨询关系也就终止,不能以"朋友"名义继续往来。咨询不是为了让求助者依赖咨询师,而是陪伴求助者渡过成长中辛苦的时刻,在学会面对和解决之后,更好地告别咨询。

咨询目标的限制主要包含两个方面。一是指心理咨询目标只锁定于心理问题上,如果同时有几个方面的困扰和待解决的问题,我们可以设置总体目标和局部目标,一般在同一时间段里,只能锁定一个或一种心理困扰作为局部的咨询目标。二是指咨询效果上,到底心理咨询能解决到什么程度,这也是有限的。尽管大量研究都指向对心理咨询良好效果的认可,但咨询效果确实会受到多方因素的影响,因人而异,因此对效果进行评估的时候既不要悲观抱持"咨询无用论",也不要持"咨询万能论",对效果的预期须按实际情况评估。

二、心理咨询与心理治疗的联系和区别

心理咨询和心理治疗关系紧密,以至于人们往往将二者混为一个概念,其实二者仍有差别。但不可否认,二者在许多方面的确存在不少的相似和一致性。

1. 心理咨询与心理治疗的联系

（1）助人性质和目标上的相似性

大部分学者都认可,心理咨询和心理治疗都是在人际互动的过程中进行的心理帮助。从

工作性质来看,都是一项"助人"的职业活动,解决的都是人们在心理方面的困难或因心理引发的行为上的症状。两者在助人的总体目标上也基本相同,都是促进人的自我探索与发展、行为改变,提高适应性,促进心理健康水平和完善人格。

（2）助人过程和方法上的相似性

在心理辅导和心理治疗的实施过程中所经历的阶段相对也比较一致,所采用的方法和所依赖的心理学的理论、技术也基本是一致的。比如在需要进行良好行为的塑造时,都可以采用行为主义的"阳性强化法"等方法促进某种良好行为的建立和巩固。大部分相关著作中,对心理咨询与心理治疗的过程、方法的分析,都是相互通用的,各种方法都会被介绍和采用。

（3）助人关系和职业准则上的相似性

由于心理咨询和心理治疗都是心理帮助关系,因此二者都很强调助人者和求助者的关系建立。良好、信赖、合作的职业关系是保障求助者获得有效帮助的重要因素。在职业准则上,几乎所有的求助者都渴望个人隐私得到尊重,因此在保密原则这一职业道德要求上同样适用,此外也都要求做到对求助者的尊重、接纳、真诚、积极关注等等。

2. 心理咨询与心理治疗的联系

心理咨询与心理治疗,二者的确存在许多相似之处,并在许多方面交叉重叠,互有渗透,但仍需注意其不同之处。

（1）服务对象不同

心理咨询的工作对象是正常人。而心理治疗的工作对象更多的是"病态"的人,涉及心理障碍、行为障碍、心身疾病等。

（2）服务人员、服务机构的不同

心理咨询的从业者大多是心理学专业工作者或社会工作者,大部分人受训背景主要涉及心理学、教育学、社会学等,主要接受心理辅导方面的专业和临床训练,他们的工作主要分布在社会工作机构、心理工作室、学校等等。而心理治疗的从业者除了以上内容以外,还要侧重精神医学、病理心理等方面的学习,主要接受医学训练,再配合临床心理学的专业训练,主要来自部队、医院等机构,从事临床治疗工作。

（3）历史渊源不同

心理咨询主要起源于比尔斯倡导的心理卫生运动和帕森斯推动的职业指导运动。后来不断受到个体差异研究和心理测验的发展,以及人本主义心理学家罗杰斯所提出的"以人为中心疗法"的影响。而心理治疗则主要起源于精神医学的建立。直到弗洛伊德使用催眠术和创立精神分析心理学派,心理咨询与心理治疗在方法和技术上开始不断走向融合,变得日益密切。因此二者在历史渊源上也颇为不同。

三、心理咨询的类型

（一）按性质划分

可分为发展心理咨询和健康心理咨询。发展心理咨询是指当个体成长阶段中产生困惑和阻碍,如为适应新的生存环境、为选择合适的职业、为个人事业的成功突破个人弱点等,需要使个人达到更佳的状态,了解并开发潜能而进行的心理咨询。

健康心理咨询是指当一个精神正常的人因各类刺激引发了焦虑、紧张、恐惧、抑郁等情绪问题,或者因各种挫折引起行为问题,并且影响正常社会功能的发挥时所需要的心理咨询服务。

(二)按规模划分

可分为个别咨询和团体咨询。个别咨询是指咨询师与来访者之间的单独咨询,也是最常见的心理咨询形式,着重帮助来访者解决个人的心理问题。它的优点在于针对性强,保密性好,咨询效果明显,但咨询成本较高,需要双方投入大量的时间和精力。

团体咨询是在团体情境中,向来访者提供心理帮助和指导。它是通过团体内人际交互作用,促使个体在交往中观察、学习、体验、认识和接纳自我,并在团体中学习新的态度与行为模式,以促进个体良好发展和社会适应的心理帮助过程。它的突出特点是同一时段内惠及的来访者更多,成本低,能够获得除咨询师以外的团体成员的支持和协助,以团体动力帮助个体成长,有时能收到不同于个别咨询的突出效果。不足之处在于同类问题的团体成员之中仍然存在个别需要的差异,难以兼顾每个个体的特殊性状况。

(三)按时程分类

可分为短程心理咨询(1—3周)、中程心理咨询(1—3个月)和长期心理咨询(3个月以上)。短程心理咨询往往聚焦于引发心理问题的关键点上,就事论事地解决来访者的一般心理问题。中程心理咨询有可能涉及较严重的心理问题,有完整的咨询计划并追求中远期的疗效。而长期心理咨询考虑协助严重心理问题或神经症性心理问题,除了制定详细咨询计划,追求中长期疗效以外,还要求做好疗效的巩固措施。

(四)按形式划分

可分为门诊心理咨询、电话心理咨询、互联网心理咨询。

门诊心理咨询主要是指进行面对面谈话的咨询活动,它的优势是能够及时对来访者进行检查、诊断,及时发现和处理问题,它使双方能够接收到言语的和非言语的信息,在信息传递上更加丰富、生动、准确,因此是心理咨询最主要最有效的方法;电话心理咨询是利用电话给求助者进行支持性咨询。它多用于心理危机干预,防止自杀、暴力等行为的发生,如"希望24小时热线"等。它覆盖面大、方便快捷、私密性好,但是它也非常局限,重大的心理问题的解决仍然需要回到咨询室内面谈方能收到更好的效果。互联网心理咨询是心理是心理咨询师通过互联网交流来帮助来访者。它可以通过网站、社交软件(QQ、微信、MSN、邮件等)进行心灵沟通,突破了地域上的限制,进行心理评估与测量,记录咨询全过程,便于求助者理解、琢磨和反思,付费方式也更加多元便捷。尽管网络咨询也可以启动语音、视频的形式,但是其效果显然还是不可与面谈方式比拟。

不难看出,电话心理咨询和互联网心理咨询向人们提供了更为便捷的求助平台,可以成为门诊心理咨询的有益补充,使需要寻求心理服务的人们更容易去尝试和接触,也为那些需要进一步寻找门诊咨询服务的人们提供了先导服务的有效平台。

四、心理咨询的积极取向

积极心理学认为人的心理疾病是由于现实能力(认识能力和爱的能力)在不同文化条件下分化为每个人的现实能力时发生冲突的结果。因此应该在咨询时激发人的认识能力和爱的力量。实践中,咨询师看似咨询症状,实质则是要从中得到"积极"的含义。在咨询过程中运用直觉和想象,以故事作为咨询师和来访者之间的媒介,把来访者理解为有自助能力的个体,消除来访者的消极想象,从而达到咨询的目的。积极心理取向的心理咨询特色体现在以下几个方面。

(1)积极心理咨询强调整体性。积极心理治疗的对象是作为整体的人,强调既要看到问题、疾病更要看到来访者的潜能。通过积极心理治疗给患者或求助者树立起信心和希望,调动其潜能并最终把问题解决。这时人也会变得更有力量。

(2)积极心理咨询致力于人们的日常生活。因为那些几乎是单调重复发生的事情,却恰恰持久地影响着我们对周围环境的体验与反应。积极心理治疗将告诉你在日常生活中如何积极地沟通、表达、自助,增进交往能力并保持健康。

(3)积极心理咨询有鲜明特色。咨询和治疗过程中运用直觉与想象;运用故事作为咨询师与来访者之间的媒介;强调激发求助者的主观能动性,使求助者最终成为环境的积极咨询师。

(4)积极心理咨询是通过五个阶段来进行的,只要咨询师能与求助者建立一种相互信任的关系,就能逐渐启发求助者自己去征服自己和克服心理问题。

【启迪故事】 积极心理学的起源故事:先学会不要抱怨

导读:积极的心理总是体现在生活的每一个角落,尽管有时候找不到她的影踪。心理大师塞里格曼作为积极心理学的始祖,也曾有过惆怅,他在与女儿的相处中受到启发,开创了积极心理学。

美国著名心理学家塞里格曼在担任美国心理学会主席数月后的一天,与五岁的女儿在园子里播种。他的女儿叫尼奇。塞里格曼虽然写了大量有关儿童的著作,但实际生活中与孩子并不算太亲密,他平时很忙,有许多任务要完成,即使种地也只想快一点干完。尼奇却手舞足蹈,将种子抛向天空。

塞里格曼叫她别乱来。女儿却跑过来对他说:"爸爸,我能与你谈谈吗?"

"当然",他回答说。

"爸爸,你还记得我五岁生日吗?我从三岁到五岁一直都在抱怨,每天都要说这个不好那个不好,当我长到五岁时,我决定不再抱怨了,这是我从来没做过的最困难的决定。如果我不抱怨了,你可以不再那样经常郁闷吗?"

塞里格曼产生了一种闪电般的震动,仿佛出现了神灵的启示。他太了解尼奇的成长,太了解自己和自己的职业。他认识到,是尼奇自己矫正了自己的抱怨。培养尼奇意味着看到她心灵深处的潜能,发扬尼奇的优秀品质,培养她的力量。培养孩子不是盯着他身上的短处,而是认识并塑造他身上的最强,即他拥有的最美好的东西,将这些最优秀的品质变成促进他们幸福生活的动力。

这一天也改变了塞里格曼的生活。他过去的五十年都在阴暗的气氛中生活,心灵中有许多不高兴的情绪,而从那天开始,他决定让心灵充满阳光,让积极的情绪占据心灵的主导。

继而,塞里格曼将这种关心人的优秀品质和美好心灵的心理学,定位为积极心理学。

第三节 大学生心理健康

我国有许多学者都在关注着大学生心理健康状况,然而调查研究的结果并不令人乐观。据一项全国调查显示:近年来全国大学生中心理疾病患者达 20.23%,其他的研究也指出类似的结果,认为相当数量的在校学生存在不同程度的心理健康问题,有的甚至出现了非常严重的心理障碍。心理健康问题开始成为大学生休学、退学的第一位原因,诱发着诸如出走、自残、自杀、凶杀、暴力、物质滥用等问题行为。

2002 年,清华大学学生刘海洋在北京动物园向五只黑熊泼洒硫酸,致使黑熊严重烧伤。2004 年,云南大学生物技术系学生马加爵与同学玩牌时发生摩擦,因无法忍受同学的指责,将四名同学杀害后潜逃。2016 年 2 月,北京大学经济学院福建籍学生吴某的母亲死在福州一所中学教职工宿舍内,而吴某有重大作案嫌疑而被警方通缉。此外,每年仍会发生多起在校大学生因心理问题而跳楼的事件……一个个触目惊心的案例提醒着人们,高校大学生的心理健康状况应该得到重视。联合国专家曾断言:"从现在起到 21 世纪中叶,没有任何一种灾难能够像心理冲突一样,带给人们持久而深刻的痛苦。"

一、常见的大学生心理健康问题与困扰

(一)适应问题

刚入学的大学新生进入一个新的环境,会经历一个适应环境的过程。有的人适应快,有的人适应期则比较长,甚至有的人无法适应大学生活,不得不选择退学。在新的集体中,面对全新的学习生活环境和陌生的人,有些大学生会产生孤独无助的感觉,不想认识新朋友,无法为自己的求学选择负起责任,也不愿面对成长的挑战。适应问题产生的原因很多,比如升学既定目标的失败,对新学校的期待落空,对大学的生活方式、管理方式不习惯,想念亲人而得不到安抚,也有可能是来自文化、气候、饮食等方面的差异。存在适应性问题的大学生主要表现在感觉难以应付大学生活,情绪上低落或悲伤、焦虑、担忧;行为上表现为退缩、逃避,思乡心切,甚至以泪洗面等;有的还会出现失眠、头痛、腹痛、心悸等躯体方面的症状。

(二)学习问题

大学生的主要任务仍然是学习。由于大学期间的学习自主性加强,学习形式更加复杂多样,有一部分大学生无法适应大学的学习,出现学业困难,比如听不懂大学的课程,不理解自己为何要上枯燥的理论课程,无法完成教师布置的自习任务,不知如何开展小组合作学习,也不会使用 PPT 报告课外研讨的作业。还有些同学陷入了迷茫,每日忙忙碌碌,但学习目标不明确,不知道要学习什么,怎么学才能针对自己未来的职业发展需要。另一些同学则过分重视学

习成绩，自己的学习表现与过去相比一落千丈，在班级里也不再显眼，自己无法接受这样的落差，从而产生了很大的学习压力，甚至产生了考试考虑的问题。

（三）人际交往问题

人是社会性的，人际交往是成长之路上的一门必修课。然而，很多同学在高中时期受到应试压力的影响，"两耳不闻窗外事，一心只读圣贤书"，人际关系比较简单、封闭，人际交往能力的发展相对不足。俗语说："在家靠父母，出门靠朋友"，加上大学生活的丰富性和复杂性，人与人之间的交往远比高中时期频繁、密切，大学生对于交友的需要也愈发强烈。每个大学生都深深知道在大学里与宿舍同学发展友好的人际关系的重要性。可是，由于个性、生活习惯、表达方式、行为风格的差异，大学生在生活中互相磨合的过程里仍然难以避免地发生摩擦和碰撞。若无法化解，每日仍需要互相照面的生活模式将给彼此的生活平添许多尴尬，成为一种心结，影响大学生活质量。有的同学因为受到宿舍同学的冷落和排挤，甚至萌生了退学的念头；有的同学比较逆来顺受，感到自己不被尊重，屡受欺负，产生了抑郁的情绪；有的学生干部因与同学产生了嫌隙导致工作开展困难，进而不得不放弃锻炼的职位；有的同学因一时情绪冲动，失口伤人，造成友谊破裂，还波及了宿舍或班级的其他同学，带来负面的影响。丰富人际交往的经验和提高交往技巧，加强大学生彼此之间的理解和接纳，对于改善人际交往问题有着重要的意义。

（四）恋爱与性心理问题

大学生处于青春中后期，性发育已经成熟，恋爱与性心理问题是无法回避的。恋爱引起的问题一般包括单相思、恋爱与学业的关系、恋爱受挫心理、失恋问题等。性心理问题有婚前性行为、校园同居等问题引起的担忧、焦虑、恐惧等。

大学中有许多人是为了恋爱而恋爱，看到周围人都恋爱了，自己也想凑个热闹体验一把。一开始就抱着错误的动机去恋爱，自然容易出现问题。另外，有些学生因为求爱被拒而感到自卑，认为自己对异性没有吸引力，不敢坦然与异性交往，出现自我评价偏差。更有甚至因为不能接受自己被拒绝转而攻击对方，或是纠缠、恐吓对方，这都是心理健康出现状况的表现。

（五）职业生涯发展问题

对于一年级的新生来说，困惑可能来源于对专业的一知半解或是自己对专业选择并不认同。这可能源于仓促的志愿填报或是偏听周围亲友的建议，未经自己深思熟虑，也可能源于高考成绩所致的专业调剂。而大学中期的大学生们，则容易由于感受到自己的所学不足以应对未来的职业而感到焦虑。有的同学反映自己有时不理解为何要选学某一门专业课程，不知道将来的自己要往哪个方向发展才好，因此在课外学习、业余社会实践锻炼方面都会感到困扰。即将毕业的大学生则对就业问题特别的关注，憧憬着未来，关心个人的发展前途。然而，面临日益严峻的就业形势，是选择继续深造修学，还是抓紧机会就业，抑或是到其他城市或国家发展……伴随着每个选择的利弊，大学生们往往陷入心理冲突，倍感焦虑和迷茫。这个问题可能成为大学生人生道路上一次重要而艰难的抉择。

（六）情绪问题

大学生情感丰富而强烈，却不稳定，常常受负面情绪主导而感到郁闷、悲伤。"郁闷""纠结"成了大学生群体的口头禅,反映了大学生在心理上感受到的压力。他们感受到复杂的情绪变化,不太理解、难以接受却又无法摆脱,想要改变现状,却又找不到积极有效的办法,他们将这种情境谓之"无解",深陷痛苦之中。偏执于不合理的想法,习惯性采取逃避的态度,指望有人能够拯救自己的托付心态都将不利于情绪的排解和问题的解决。有的大学生在进入大学之前,就存在较长时期的焦虑或抑郁情绪的困扰,在大学生活中更要加强自我保健、自我悦纳。

二、引发大学生心理健康问题的原因

生活经历因人而异,成长背景不尽相同,影响心理健康状况的因素自然也各有不同,但基本与以下四个因素有着密切的关联:

(一)个人因素

进入大学阶段,大学生们的自我意识不断加强,关注自己的外表,也关注别人对自己的看法。虽然已是成年人,但是内心仍未完全成熟。在过去的成长中,遇到的问题相对易于应对,或可依赖身边的亲友帮忙。然而进入大学之后,大学生们不得不面临纷繁复杂的情境,情绪也变得容易冲动。成长面临的挑战不断要求个体心理的成长成熟,而大学生的内心往往尚未准备好,就会产生逃避的行为倾向,以自觉或不自觉的方式拒绝成长和改变。日益膨胀的自我意识,长期习惯的"自我中心"的思维方式,缺乏弹性的个性特质,人际交往技巧的不足等等,这些都将影响大学生的心理适应能力。一般,我们会发现两类挣扎的大学生:一类个性追求完美,过于苛求自己,过分在乎周围人的评价和看法,不允许自己没有达到预期的目标,很容易在失败的时候进行内部归因,产生自责、自我怀疑、焦虑、抑郁等不良情绪;另一类是自我意识消极、学习动机薄弱、容易将失败过度地归因于外在因素、自我控制能力低,但在现实生活中却找不到自己真正感兴趣的事情,找不到大学生活的意义和价值,终日浑浑噩噩,应付大学生活,觉得自己没什么收获。他们容易陷入迷茫之中,对自己的未来失去目标,也没有动力去探索,往往会沉迷于手机、网络游戏等。

(二)家庭因素

青少年的人格基础形成于家庭,良好的家庭环境对青少年形成健康的人格具有重要的作用。一个来自于父母管教态度一致、家庭气氛和谐的大学生,通常想法比较成熟,情绪也比较正向,也比较能自我控制;反之,一个来自父母管教态度不一致,家庭气氛冲突的大学生,想法可能比较混乱,情绪也比较悲观,行为也比较难以控制。此外,一些大学生家庭关系并不理想,有的人经历过家庭的创伤,或出生于十分局限的家庭成长环境,比如目睹家庭暴力,或是深陷父母关系不和的纠纷中,抑或是由于种种不可控的原因从小未能在父母身边成长而误会了父母,或是父母不懂如何教养孩子,长期忽略了孩子的心理需求……若未能及时处理内心的创伤和情结,未能在成长过程中调整自己以理性的、积极的眼光对过去经验再理解和再建构,那么家庭之爱将受到阻滞,也容易对个体的心理健康埋下隐患。因此,父母的管教态度、家庭气氛、手足关系等家庭成长经验,深刻影响个体日后的人格独立与心理健康。同时,家庭经济状况也会对他们产生一定的影响,尤其是人际关系方面。

（三）学校因素

学校因素包括学校的物质环境和心理环境：物质环境，如学校的建筑设施、交通位置、环境安全、校园师资与安静程度等；心理环境，如学校文化、校园氛围、同学关系、师生关系等。一个良好的大学环境，才能让学生在耳濡目染与言传身教中安心地学习。特别是在培养大学生人际交往能力的过程中，朋辈之间扮演着重要的角色，经由与同学的互动，大学生发展个人兴趣，学习如何与人相处，建立良好的自我意识，对其社交能力、认知能力、社会适应及其健康人格的形成有极大的帮助。

（四）社会因素

人生活在一定的社会文化环境中，因此经济状况、价值观与社会制度也随时影响着大学生的心理健康程度。目前，我国正在经历一个变革转型时期，经济、政治、文化各方面都在变化中，而大学生又正处于生理和心理不稳定时期，出现各种心理困惑在所难免。例如：社会价值观偏差，过度看重文凭、名牌学校、唯升学论，从而窄化人生，不利于个人多元价值观的建立。加之由于大众传媒的发达与普及，每个人每天接受大量资讯，但内容却充满商业物质取向、拜金主义、享乐主义等表面肤浅的内容，学生不但容易受到迷惑而分心于学业之外，有时也会造成严重的价值观偏差。

三、大学生面对心理问题的态度

（一）坦然面对

出现心理问题虽不是什么好事，但也完全不必如临大敌。一些学生可能在情绪上出现了一些困扰或者在身体上出现了某些不适，就担心焦虑，甚至害怕长此以往会得上精神疾病。其实，心理健康也跟身体健康一样，在人的一生中难免会出现这样那样的问题，不必大惊小怪。

（二）别急于诊断

心理问题本身多种多样，成因往往也很复杂，切忌盲目地从一些书籍上断章取义，或者道听途说，急于对号入座，认定自己患了什么病。通常情况下，大学生的问题还是发展性的居多，很多都是成长中的烦恼。

（三）学会自我调节、自我悦纳

当出现心理困扰的时候，采取一些方法进行自我调节是一种积极的自我表现。自我调节的方法有很多，如运动法、音乐法、放松法、转移注意力、调整生活规律等，选择哪种方法因人而异，因困扰的问题而定，因拥有的条件而选择，只要适合自己并且有效就是最好的调节方式。

（四）不必讳疾忌医

就像生病了需要看医生一样，对于严重的、难以排解的心理问题，如果条件具备，要寻求心理咨询的帮助，这是懂得利用资源协助自己成长的人会选择的明智之举。

【知识卡片】 化消极为积极的指导原则

1. 对自己和自己的成绩有一个良好的评价，花些时间定期地不断重申这些评价。爱他人、尊重他人的基础是首先学会爱自己、尊重自己。

2. 与其担心和抱怨你没有的东西,不如珍惜你拥有的东西。

3. 让你周围充满美和阳光,无论是外在还是内心。

4. 不要让别人的批评影响你。对自己要有信心,相信自己的能力。

5. 接受每一个新环境,作为成长和自我提高的机会。

6. 每一片乌云后都存在一线希望。

7. 把昨天的忧伤抛在脑后,充满希望地期待明天。

8. 不要为一些已经无法改变的事情焦急,让它成为你经历的一部分,昨天的错误可能是明天胜利的基础。

9. 放开那些不再需要的东西,即使你可能仍然想要拥有它。放弃那些没有用的东西,你才会敞开心扉,接受新事物。

四、大学生的心理咨询

心理健康影响大学生活质量,也影响个体的成长成才。因此,作为大学生应该充分认识到心理健康的意义和重要性,并学习管理和维护自己的心理健康。

随着大学生心理健康越来越受到人们的关注,不少大学都开设了校园心理咨询服务中心,大学生们可以借助这些平台来保障自己的成长,为维护自己的心理健康保驾护航。一般来说,校园的心理健康服务中心只为在校生提供心理咨询,而将需要心理治疗的学生转介到医院专设的心理科或精神科以及其他医疗机构。作为大学生,你需要了解校园心理咨询的有关信息。

(一) 心理咨询能做的事情

心理咨询是一项专业的助人服务,它能从哪些方面帮助到大学生们呢? 让我们一起来看看,高校心理咨询可以提供什么样的帮助:

1. 认识自己的内外世界

外部世界是由不断变化的现实构成的,不随我们的意志而转移。内部世界是由以往积累的经验构成的,因人而异,可以按照自己的意愿加以调整。大学生遇到不如意的事情时,往往觉得非常郁闷。心理咨询可以帮助你重新认识自己的内在,也重新看待外部世界,学会接纳无法改变的,并积极调整可以改变的,从而不断加强自我的内部功能,提高大学生的适应能力。

2. 纠正不合理的信念

人们一般认为消极事件的发生导致了负面情绪的出现,但其实人们对事件的评价、解释、看法、信念才是导致情绪的根源所在。心理咨询可以协助你纠正不合理的信念和错误的思维,帮助他们重新看待经历的事件和各种挫折,巩固新的更合理的思维方式,解决当前的心理问题。

3. 学会理解他人

心理咨询能帮你更好地理解他人,站在他人的角度思考问题,体验对方的内心感受,看到对方的反应背后真正的需求,懂得对方为何如此反应,这样就能够更好地看待自己与他人的关系,保心理平衡。

4. 增强自知之明

人很难客观地认识自己。片面的经验、错误的推理、不理性甚至扭曲的心理认识、不合理的需求等等，认识上的种种限制会导致人们经常失去对自己的正确认识，从而引发种种心理困扰。心理咨询可以帮你重新看待真实的自己，面对自我，拥抱自己，挖掘自己身上的潜力和资源，明确前进的方向，树立新的目标。

5. 学会面对现实和应对现实

一些个体无法面对现实，始终想要逃避而最终无法欺骗自己，导致了心理困扰。他们或沉溺于过去的痛苦回忆，或偏执地坚持不切实际的幻想，或持续抱怨无法更改的既定事实或关系……这些"无法面对"、"不去面对"造成了个体不得不承受种种焦虑、愤怒、委屈、悔恨，却根本于事无补。心理咨询着眼现在，关注当下，它将引导你为自己的症状负责，面对和接受现实，在现实生活中扮演好自己的角色，活出新的人生。

6. 构建合理的行为模式

若是想要彻底解决心理困扰，就要将思想转化为实际行动，从根本上放弃和调整过去那些不合理不恰当的思维行为方式，预防问题的发生。心理咨询可以帮你学习识别出不合理的行为模式，建立和创造一种有效的、合理的新行为模式，这样才能使问题得到改善，使你获得心灵真正的成长。

可见，心理咨询可以帮助你更清楚地了解自己的需要和特点；它愿意以无批判的态度来接纳你；还能帮助你学习从另一个角度来看待事物，改善原先的思维方式，更重要的是，它能够向你提供一个心灵成长的空间，让你可以在可信赖关系的陪伴下安全地探索自我。

(二) 心理咨询不能做的事情

心理咨询能够给来访者带来很多积极的变化，但它并不是一剂包治百病的神药，它也有许多不能做的，如：

1. 不能改变现实

它不会否定发生过的事情，它教会你接受，并改变和创造那些可能完成的成长。它立足现实，着眼心灵，只处理与"心理"有关的成长目标而非"生活"有关的具体决策。

2. 不能对你扮演一个"父亲"、"母亲"、"伴侣"或"精神导师"来每次帮你面对困难

咨询师是在你成长之路艰难时的一个陪伴者、协助者。你的成长终将需要告别咨询室，继续独立在生活里远航。他只是咨询师，不要企图依赖他，你需要更专注于个人的成长，相信自己能够重新启航的力量。

3. 不能或很难立竿见影

"冰冻三尺，非一日之寒"，造成许多问题的关键原因在于我们习惯化了的行为方式或思维方式。长期积累的情绪不可能顷刻消除，一些积累的伤害更绝非几句话就可以抹平。心理咨询是一个逐步进展的过程，是一个从量变到质变的过程。它需要双方的共同探索，更有赖个体积极的领悟，因此心理咨询的效果因人而异，也因情况而异。

4. 不同于与朋友间的倾谈

心理咨询是专业的谈话活动，围绕着共同协商的咨询目标进展有助于心理成长的对话。

它并不是朋友间的闲聊，也不是肆意发泄，更不是听老师教育批评自己。

5. 一个咨询师，不可能适合所有的来访者

咨询师的工作风格各自不同，专业主攻的领域、擅长使用的咨询方法也可以各不相同。咨询过程也是双方互相磨合的过程，如果发现咨询师不适合自己，可以提出中断咨询和要求寻找和更换更合适的咨询师。咨询师也同样可以协商和建议将你转介给更合适的从业者。

6. 很可能不会让你一直感到满意

心理咨询要推动个体的成长和进步，然而成长是一场痛苦的蜕变，这趟心灵的旅程必然不会轻松愉快。它不会附和你，也不会取悦你，但它会帮助你看到当下的自己，所以当你抗拒转变的时候，也许咨询师会让你看到这样停滞不前的自己，而使你感到颇有压力。心理咨询始终鼓励坦诚、真实，但并不排斥冲突的发生。

（三）需要特别关心的大学生

在大学校园里，一些大学生是非常需要他人在心理层面的关心与帮助的，这些人包括：

- 有明显的外部精神刺激事件的人
- 情绪低落、悲观抑郁、自卑者
- 性格孤僻内向、与周围人缺乏正常交流者
- 严重不良的家庭成长环境，如家庭破裂、缺乏温暖关爱者
- 缺乏明确的生活目标和信心，看问题消极者
- 谈论自杀，有自杀暗示者

（四）大学生何时可能需要心理咨询

有人也许会问："作为大学生，我什么时候需要心理咨询?"以下列举一些情况，给大家作为参考。或许你正处于生活中以下这些境况下，若你感到困惑而又未能摆脱困惑，心理咨询可以成为帮助你的一种不错的途径。

- "我感觉对生活失去了控制感"
- "我对未来生活感到不乐观"
- "我是受害者，或者经历过某种情感或身体的暴力对待"
- "我不知道如何处理自己的生活"
- "我经常感到自己是抑郁的"
- "我目前有一段不开心的人际关系"
- "我有一些特殊的上瘾的爱好"
- "我不喜欢自己"
- "我感觉自己丧失了精神追求"
- "我正在经历一段重要的丧失"
- "我在学业或学生工作方面存在问题"
- "我处于持续的压力之中，已经出现了和压力有关的疾病信号"
- "我受到了歧视"
- "我正在结束某个重要的人际关系"

● "我觉得自己并没有发挥出全部的潜能"

（五）大学生如何接受心理咨询

1. 咨询前的准备

（1）有主动的咨询的愿望

来访者自愿是建立良好心理咨询的基础。如果来访者没有求助的意愿，仅仅是被辅导员或家长带来的，就很难敞开真实的自我，这必然使咨询的效果大打折扣。

（2）减少不必要的担心

保密原则是心理咨询师最基本的职业道德。有些来访者因担心谈话内容外露，咨询中往往隐去某些关键点，这样并不利于咨询师发现问题，做出正确的判断和引导。此外，心理咨询的关注点在于帮助来访者解决心理上的困惑，不是做思想工作，来访者不必因担心咨询师嘲笑而犹豫不决。

（3）选择适合的咨询师

咨询前，要了解一些关于咨询师的情况，尽量找受过专业培训、具有从业资格的咨询师；同时，也要根据自己的心理困惑来选择咨询师。如果与咨询师接触后，感觉不合适，可以提出中止咨询或请求转介其他咨询师。

（4）了解咨询的时间规定

咨询是有时间限制的，通常一次咨询的时间约 50 分钟。根据来访者表述的心理问题程度和咨询师所使用的方法不同，咨询次数不固定，有的 1—2 次就能达到咨询目标，有的需要更长的时间，甚至 1—2 年不等。心理咨询一般需要提前预约，来访者应按照约定的时间准时前去咨询，如遇特殊情况，需提前联系，以便更改咨询时间。

2. 咨询过程中的准备与配合

（1）要有自助意识

心理咨询是"助人自助"的过程，咨询师不能替来访者改变或做决定。心理咨询需要来访者积极主动配合，参与到咨询方案的制定中，认真完成咨询作业，勇于改变自我，战胜自我，最终才能走出心理困境。

（2）对自己要有耐心

心理咨询是一个循序渐进的过程，通常要经过了解来访者的问题、诊断、设立咨询目标、选择咨询方法、制定咨询方案、实施和反馈等过程，欲速则不达。有些心理问题在咨询过程中还可能出现反复，这就更需要来访者的耐心和信心了。

（3）真诚坦率的交流

心理咨询主要是以语言沟通为基础的。面对咨询师，来访者应如实、直截了当地讲述心理困惑和内心感受，即使说不清问题所在也无需担心，贵在真诚坦率地表

图 1-2　高校心理咨询室场景

达自己。咨询师能从倾听的过程中捕捉问题的关键点,来访者只需如实回答,在咨询师的协助下共同探索即可。

（4）认真完成咨询作业

目前许多高校均设有学生心理咨询机构,在一些综合医院也有心理门诊。如果有什么心理问题自己难以摆脱,请主动寻求心理帮助,这是一种勇气、一种自信、一种充满现代文明气息的行为。

活动与拓展

有缘千里来相会

团体活动目的与规范:

通过活动中交流和介绍,让彼此陌生的同学了解身边同学的基本信息,形成初步的团体。

活动规范:

（1）积极主动地参与到活动中,介绍自己的情况,了解他人信息。

（2）坦率真诚地与其他团体成员进行交流,不掩饰自己的真实情感。

（3）按时参加团体活动,不迟到,不缺席。参与团体活动时,注意力集中,不接打手机,看报纸等。

（4）尊重他人,仔细倾听,不随意打断别人的发言。

（5）广泛交流,避免只与自己喜欢的团体成员沟通等。

团体规模:

40人左右

团体活动方案:

一、暖身活动:生日线（10分钟）

每个人按照自己的出生月和日排成一条U形线,1月1日出生的排在队首,12月31日出生的排在队尾。

活动规则:

（1）全过程所有成员都不能说话,只能用手势。

（2）所有人站定,完成任务后,组长会从队首开始让每位成员报出自己的生日和对这个团队的期待,如果有人站错位置,受罚的将是后面一位学员。

（3）让受罚的成员做一个小表演作为惩罚,以完成游戏。

二、最佳拍档（25分钟）

准备材料:用不同颜色的彩纸剪成成对的图案,如心形、圆形、菱形等。

小组成员自由抽取裁好的彩色纸。然后,成员必须找到与自己同色的形状相匹配的另一半纸的组员。找到后,两个人相互访问5分钟,互相认识,增进了解。认识的内容包括对方的姓名、籍贯、喜好、对专业的看法、分享大学生活以来印象最深的一件事等。然后,全体成员围坐成一圈,每一对轮流向大家介绍对方,自己也可以补充,使团体中每个人都能相识。

三、团体契约的建立(20分钟)

准备材料:大尺寸海报纸4张,彩笔4盒,彩色印泥4枚

10人一组,分成4个小队,每队成员自行选定一个队长,为自己的小队起一个名字,并商定所有人都必须遵守的小队契约,如不允许迟到,活动过程中关掉手机,尊重他人,不进行人身攻击等。把小队名称和契约都写在海报上。接着每队为自己的小队设计一个队标,画在海报的右下角,并在周围签上每个队员的名字,每个人在自己的姓名上印上大拇指纹。最后每队派队长向其他小队介绍本分队。

四、建高塔(30分钟)

准备材料:扑克牌4盒。

刚才形成的4小队分别领取一盒扑克,任务是在10分钟之内用扑克建成尽可能高的宝塔。

待宝塔建成后,组长带领大家讨论以下问题:

(1) 刚才各小组是如何决定建宝塔的方式的?

(2) 在决定方案的过程中,每个人发挥了什么作用?

(3) 在建宝塔的过程中,每个人发挥了什么作用?

(4) 宝塔建成后,每个人有什么感受?

(5) 请表达对本队成员的感谢和对其他小队的欣赏。

五、结束小组活动(5分钟)

组长请所有人站起来,牵起手,每个人用一句话简单地概括你今天的想法和感受。也包括你想向组长或组员表达的东西。

课外资源

【心书推荐】

1. 张海燕. 绸缪未雨时:大学生心理危机自救[M]. 北京:高等教育出版社,2008.

2. 李子勋. 心灵飞舞[M]. 北京:中国广播电视出版社,2006.

3. 郑晓边. 心灵成长——校园生活中的健康心理与辅导[M]. 合肥:安徽人民出版社,2006.

4. 孔燕. 微笑成长——大学生心理健康教育案例[M]. 合肥:安徽人民出版社,2003.

【观影疗心】

1. 心灵捕手,1997年,导演:格斯·范·桑特

2. 雨人,1988年,导演:马里·莱文森

3. 国王的演讲,2011年,导演:汤姆·霍伯

心理测试

身心症状自评量表(SCL-90)

指导语:以下表格中列出了有些人可能有的问题,请仔细阅读每一条,然后根据最近一星

期以内,下述情况影响您的实际感觉,在右边的五个数字中画"√"以表示该症状的程度。

状　　况	没有	轻度	中度	偏重	严重
1. 头痛	1	2	3	4	5
2. 神经过敏,心中不踏实	1	2	3	4	5
3. 头脑中有不必要的想法或字句盘旋	1	2	3	4	5
4. 头昏或昏倒	1	2	3	4	5
5. 对异性的兴趣减退	1	2	3	4	5
6. 对旁人求全责备	1	2	3	4	5
7. 感到别人能控制自己的思想	1	2	3	4	5
8. 责怪别人制造麻烦	1	2	3	4	5
9. 忘性大	1	2	3	4	5
10. 担心自己的衣饰整齐及仪态的端正	1	2	3	4	5
11. 容易烦恼和激动	1	2	3	4	5
12. 胸痛	1	2	3	4	5
13. 害怕空旷的场所或街道	1	2	3	4	5
14. 感到自己的精力下降,活动减慢	1	2	3	4	5
15. 想结束自己的生命	1	2	3	4	5
16. 听到旁人听不到的声音	1	2	3	4	5
17. 发抖	1	2	3	4	5
18. 感到大多数人都不可信任	1	2	3	4	5
19. 胃口不好	1	2	3	4	5
20. 容易哭泣	1	2	3	4	5
21. 同异性相处时感到害羞不自在	1	2	3	4	5
22. 受骗,中了圈套或有人想抓住自己	1	2	3	4	5
23. 无缘无故地突然感到害怕	1	2	3	4	5
24. 自己不能控制地大发脾气	1	2	3	4	5
25. 怕单独出门	1	2	3	4	5
26. 经常责怪自己	1	2	3	4	5
27. 腰痛	1	2	3	4	5
28. 感到难以完成任务	1	2	3	4	5
29. 感到孤独	1	2	3	4	5
30. 感到苦闷	1	2	3	4	5
31. 过分担忧	1	2	3	4	5
32. 对事物不感兴趣	1	2	3	4	5
33. 感到害怕	1	2	3	4	5
34. 我的感情容易受到伤害	1	2	3	4	5
35. 旁人能知道自己的私下想法	1	2	3	4	5
36. 感到别人不理解自己、不同情自己	1	2	3	4	5
37. 感到人们对自己不友好,不喜欢自己	1	2	3	4	5
38. 做事必须做得很慢,以保证做得正确	1	2	3	4	5
39. 心跳得很厉害	1	2	3	4	5
40. 恶心或胃部不舒服	1	2	3	4	5
41. 感到比不上他人	1	2	3	4	5
42. 肌肉酸痛	1	2	3	4	5
43. 感到有人在监视自己、谈论自己	1	2	3	4	5
44. 难以入睡	1	2	3	4	5

状　　　　况	没有	轻度	中度	偏重	严重
45. 做事,必须反复检查	1	2	3	4	5
46. 难以作出决定	1	2	3	4	5
47. 怕乘电车、公共汽车、地铁或火车	1	2	3	4	5
48. 呼吸有困难	1	2	3	4	5
49. 一阵阵发冷或发热	1	2	3	4	5
50. 因为感到害怕而避开某些东西、场合或活动	1	2	3	4	5
51. 脑子变空了	1	2	3	4	5
52. 身体发麻或刺痛	1	2	3	4	5
53. 喉咙有梗塞感	1	2	3	4	5
54. 感到前途没有希望	1	2	3	4	5
55. 不能集中注意	1	2	3	4	5
56. 感到身体的某一部分软弱无力	1	2	3	4	5
57. 感到紧张或容易紧张	1	2	3	4	5
58. 感到手或脚发重	1	2	3	4	5
59. 想到死亡的事	1	2	3	4	5
60. 吃得太多	1	2	3	4	5
61. 当别人看着自己或谈论自己时感到不自在	1	2	3	4	5
62. 有一些不属于自己的想法	1	2	3	4	5
63. 有想打人或伤害他人的冲动	1	2	3	4	5
64. 醒得太早	1	2	3	4	5
65. 必须反复洗手、点数目或触摸某些东西	1	2	3	4	5
66. 睡得不稳不深	1	2	3	4	5
67. 有想摔坏或破坏东西的冲动	1	2	3	4	5
68. 有一些别人没有的想法或念头	1	2	3	4	5
69. 感到对别人神经过敏	1	2	3	4	5
70. 在商店或电影院等人多的地方感到不自在	1	2	3	4	5
71. 感到任何事情都很困难	1	2	3	4	5
72. 一阵阵恐惧或惊恐	1	2	3	4	5
73. 感到公共场合吃东西很不舒服	1	2	3	4	5
74. 经常与人争论	1	2	3	4	5
75. 单独一人时神经很紧张	1	2	3	4	5
76. 别人对我的成绩没有作出恰当的评价	1	2	3	4	5
77. 即使和别人在一起也感到孤单	1	2	3	4	5
78. 感到坐立不安心神不定	1	2	3	4	5
79. 感到自己没有什么价值	1	2	3	4	5
80. 感到熟悉的东西变成陌生或不像真的	1	2	3	4	5
81. 大叫或摔东西	1	2	3	4	5
82. 害怕会在公共场合昏倒	1	2	3	4	5
83. 感到别人想占自己的便宜	1	2	3	4	5
84. 为一些有关性的想法而苦恼	1	2	3	4	5
85. 我认为应为自己的过错而受到惩罚	1	2	3	4	5
86. 感到要很快把事情做完	1	2	3	4	5
87. 感到自己的身体有严重问题	1	2	3	4	5
88. 从未感到和其他人很亲近	1	2	3	4	5
89. 感到自己有罪	1	2	3	4	5
90. 感到自己的脑子有毛病	1	2	3	4	5

第一章　绪论

评定时间：可以评定一个特定的时间，通常是评定一周时间。

评定方法：分为五级评分（从0—4级），0＝从无，1＝轻度，2＝中度，3＝相当重，4＝严重。SCL-90除了自评外，也可以作为医生评定病人症状的一种方法。

SCL-90广泛应用于我国的心理咨询中，它是目前我国使用最广的一种检查心理健康的量表。它具有内容多、反映症状丰富、能准确刻画来访者自觉症状等优点。SCL-90共有90个评定项目。它的每一个项目均采用5级评分制：

1. 无：自觉无该项症状问题。

2. 轻度：自觉有该项问题，但发生得并不频繁、严重。

3. 中度：自觉有该项症状，其严重程度为轻到中度。

4. 相当重：自觉常有该项症状，其程度为中到严重。

5. 严重：自觉常有该项症状，频度和程度都十分严重。

分析统计指标：

（一）总分

1. 总分是90个项目所得分之和。

2. 总症状指数，也称总均分，是将总分除以90（＝总分÷90）。

3. 阳性项目数是指评为1—4分的项目数，阳性症状痛苦水平是指总分除以阳性项目数（＝总分÷阳性项目数）。

4. 阳性症状均分是指总分减去阴性项目（评为0的项目）总分，再除以阳性项目数。

（二）因子分

SCL-90包括9个因子，每一个因子反映出病人的某方面症状痛苦情况，通过因子分可了解症状分布特点。

因子分＝组成某一因子的各项目总分/组成某一因子的项目数

9个因子含义及所包含项目为：

1. 躯体化：包括1，4，12，27，40，42，48，49，52，53，56，58共12项。该因子主要反映身体不适感，包括心血管、胃肠道、呼吸和其他系统的主诉不适，和头痛、背痛、肌肉酸痛，以及焦虑的其他躯体表现。

2. 强迫症状：包括了3，9，10，28，38，45，46，51，55，65共10项。主要指那些明知没有必要，但又无法摆脱的无意义的思想、冲动和行为，还有一些比较一般的认知障碍的行为征象也在这一因子中反映。

3. 人际关系敏感：包括6，21，34，36，37，41，61，69，73共9项。主要指某些个人不自在与自卑感，特别是与其他人相比较时更加突出。在人际交往中的自卑感，心神不安，明显不自在，以及人际交流中的自我意识，消极的期待亦是这方面症状的典型原因。

4. 抑郁：包括5，14，15，20，22，26，29，30，31，32，54，71，79共13项。苦闷的情感与心境为代表性症状，还以生活兴趣的减退，动力缺乏，活力丧失等为特征。还反映失望，悲观以及与抑郁相联系的认知和躯体方面的感受，另外，还包括有关死亡的思想和自杀观念。

5. 焦虑：包括2，17，23，33，39，57，72，78，80，86共10项。一般指那些烦躁，坐立不安，神

大学生积极心理教育

经过敏,紧张以及由此产生的躯体征象,如震颤等。测定游离不定的焦虑及惊恐发作是本因子的主要内容,还包括一项解体感受的项目。

6. 敌对:包括11,24,63,67,74,81共6项。主要从三方面来反映敌对的表现:思想、感情及行为。其项目包括厌烦的感觉,摔物,争论直到不可控制的脾气暴发等各方面。

7. 恐怖:包括13,25,47,50,70,75,82共7项。恐惧的对象包括出门旅行,空旷场地,人群或公共场所和交通工具。此外,还有反映社交恐怖的一些项目。

8. 偏执:包括8,18,43,68,76,83共6项。本因子是围绕偏执性思维的基本特征而制订:主要指投射性思维,敌对,猜疑,关系观念,妄想,被动体验和夸大等。

9. 精神病性:包括7,16,35,62,77,84,85,87,88,90共10项。反映各式各样的急性症状和行为,限定不严的精神病性过程的指征。此外,也可以反映精神病性行为的继发征兆和分裂性生活方式的指征。

10. 其他:

此外还有19,44,59,60,64,66,89共7个项目未归入任何因子,反映睡眠及饮食情况,分析时将这7项作为附加项目或其他,作为第10个因子来处理,以便使各因子分之和等于总分。

各因子的因子分的计算方法是:各因子所有项目的分数之和除以因子项目数。例如强迫症状因子各项目的分数之和假设为30,共有10个项目,所以因子分为3。在1—5评分制中,粗略简单的判断方法是看因子分是否超过3分,若超过3分,即表明该因子的症状已达到中等以上严重程度。下面是正常成人SCL-90的因子分常模,如果因子分超过常模即为异常。

项 目	$\overline{X}+SD$	项 目	$\overline{X}+SD$
躯体化	1.37+0.48	敌对性	1.46+0.55
强 迫	1.62+0.58	恐 怖	1.23+0.41
人际关系	1.65+0.61	偏 执	1.43+0.57
抑 郁	1.5+0.59	精神病性	1.29+0.42
焦 虑	1.39+0.43		

参考文献

1. 崔丽娟等.心理学是什么[M].北京:北京大学出版社,2002.

1. 吴增强.学校心理辅导通论[M].上海:上海科技教育出版社,2004.

2. 廖冉等.90后大学生积极心理健康教程[M].北京:中国物质出版社,2012.

4. 苏碧洋.大学生心理健康教育与辅导[M].福建:厦门大学出版社,2012.

3. 吴萍娜.大学生心理健康与发展:我的大学,从"心"开始[M].福建:厦门大学出版社,2013.

4. 张革.大学生心理适应指南[M].北京：北京工业大学出版社,2010.

5. 李媛.心理健康与创新能力[M].北京：科学出版社,2012.

6. 郭念锋.心理咨询师（三级）[M].北京：民族出版社,2015.

7. 连榕,张本钰.大学生心理健康[M].北京：北京师范大学出版社,2012.

第二章　大学新生心理适应

小小日记

　　结束了黑色六月,终于迈入了大学的门槛,小小我已经开启了有为青年的智能模式。新的校园、新的同学、新的书本……面对全新的大学生活,我的内心还真是小小的激动呀O(∩_∩)O……然而,两个星期过去了,我怎么开始觉得越来越心塞＞_＜……说好的学业轻松呢?说好的丰富多彩呢?说好的帅帅的学长呢?(⊙o⊙)…我的大学怎么了……一定是我的打开方式不对,谁来告诉我正确的姿势应该是怎么样的啊……

我的大学不应该是这样

点　评

　　大学新生适应问题是一个普遍的问题。每个人面对一个新环境都需要有一个适应期。有的新生随着对大学环境的了解、熟悉以及自我调节,经过一两个月时间便能基本适应大学生活。但是,少数学生由于没有在外生活的经验或者原先有着错误的心理预期,一旦发现大学生活并非自己所想,就会产生失落和迷茫,适应起来比较困难。所以像小小这样的同学应重新调整大学的期待与定位,在新环境中寻找自己的位置,主动去适应大学环境。

学习目标

1. 认识大学新生面临的环境变化
2. 了解大学新生常见的心理问题及其成因
3. 掌握大学新生常见心理问题的自我调适方法

学习手记

第一节 大学,你准备好了吗?

大学,对每一个新生而言都是一个全新的世界。无论是自然环境还是生活环境,无论是人际交往还是学习方式,无论是个人的目标还是社会的期望,都发生了很大的变化。只有在短期内尽快适应环境、调整自己的心态、转变个人的角色,才能为今后的大学生活奠定良好的基础,从而有意义地度过大学时代。认识大学新环境并尽快适应它、融入它,是每一个大学新生入学后要上的第一课。

一、环境适应与心理健康

走入大学校园的那一刻,就意味着你成为了一名大学生,开启了全新的大学生涯。每一个人对即将到来的生活都充满了好奇与渴望,然而同时也会伴随着茫然和焦虑:想家、怀念中学时代,生活无法独立,经济上不善于理财,学习上感到困惑,缺乏与人交往的经验等等,严重不适者可能会自我认知失调,从而丧失或动摇继续学习的兴趣和信心。这些困惑和烦恼,是每一个渴望成长的年轻人必将经历的阶段。相信大家通过心理健康课程和自我的努力,一定可以克服适应期的问题,尽快融入大环境,创造新生活!

二、大学新生面临的环境变化

1. 生活环境的变化

与中学生活相比较,大学生活最大的特点是要求学生自主独立。中学生在学习上基本是老师布置学生执行,生活上基本是父母全部包办。然而上了大学,不论衣食住行还是学习、交友,都需要更多地依靠自己的知识、能力、去思考、判断、选择和行动。更多的自由也意味着更多的迷茫,很多大学生除了上课不知道如何学习,除了舍友不知道怎么认识新朋友,除了校园里不知道如何开拓新天地。此外,大学课余生活与中学相比也更加丰富多彩,各种比赛、晚会、讲座、学术报告会、社团活动既让许多新生感到新鲜又会让他们感到无所适从:有的新生拒绝参加一切活动;有的则来者不拒,应接不暇。

2. 学习环境的变化

学习环境的变化主要体现在学习任务、内容和学习方法的变化上。大学与中学,分属学校教育的不同阶段,其教学目的、教学内容、教学方法等都存在着明显的差别。首先是教学目的的差别:中学的教学目的主要是向学生传授基础性文化知识,为后续的学习或深造打下坚实的基础;而大学的教育目的主要是向学生传授各种专业知识和专业技能,培养社会发展所需要的各种高级专业人才,高等职业教育则更突出了它的应用性、技能性的特点。其次是教学内容的差别:中学的教学内容主要是非定向的文化基础课;大学的教学内容主要是定向的专业课,教学内容无论是在深度上还是在广度上都比中学有了更大的拓展,特别是大量专业课和技能训练课更容易使学生感到学习的难度。再次是教学方法上的差别:中学的教学方法主要是以教师讲授为主,教师是教学的中心;大学的教学方法是以学生自学为主,教师讲授为辅,教师的主要作用是引领入门,答疑解惑,所谓"师傅领进门,修行看个人"。

3. 人际环境的变化

人际环境的变化主要体现在人际交往的方式与对象、人际交往的要求等方面。中学时代人际交往的对象基本上局限于班级与家庭，同学关系、师生关系、亲子关系成为中学人际交往的主旋律，交往的方式也相对单纯，主要围绕学习、休闲等主题。到了大学，人际关系、交往范围则发生了很大的变化。首先，人际交往的范围扩大了。为了获得前辈指导，你需要认识更多的学长学姐；为了协调学生工作，你需要认识不同系不同班的同学；为了拓展社会实践，你需要认识一些不同社会背景的专业人士。人际交往范围扩大了，交往的方式改变了。其次，人际交往的难度也增加了。一个班级、一个宿舍的同学经常来自五湖四海，不同地域，因此同学们之间语言、生活习惯、价值观、性格等方面都存在很大差异，朝夕相处就意味着差异的磨合与碰撞，这种集体生活比中学增加了交往的难度。

4. 管理环境的变化

中学时代，学校、老师对学生采取直接管理，班级管理都是通过班主任直接实施，老师的主导作用更加突出；大学则更多地强调学生自己参与的自我管理，学生的主体作用更加突出。例如大学里的学管会、自律会等学生管理团队，就充分地发挥了大学生自我教育、自我约束的作用。然而自我管理的过程中，也凸显出很多大学生的不自律和不自觉，比如

不检查卫生就不做卫生，不检查熄灯就不熄灯，不记录考勤就不出勤，这类现象被大学生浓缩成"选修课必逃，必修课选逃"的名言，反映了大学生自我管理过程中暴露出的心态和问题。

5. 自身角色地位的变化

与中学相比，自身的角色和地位，也发生了许多变化。在中学，也许你曾是文艺明星，也许你曾是体育健将，然而上了大学，随着人才聚集和表现舞台增加，你会渐渐发现"人外有人，天外有天"。过去定型的自我认知，在面临新的对比中产生了失落和自卑。有的同学失去了往日的自信与雄心，因此自暴自弃；有的同学产生了嫉妒与排挤，因此孤身一人。面对这个困境，很类似的我们来思考以下一个问题：如果在你的面前有两条直线，一条长一条短，如何使这两条线一样长呢？

第二节　新生适应问题的原因及对策

正是因为大学生活发生了这么多的变化，有很多同学在入学之后都会产生一些适应性的问题，有的同学开始迷茫、不知所措，有的同学开始焦虑、不敢面对，有的同学开始怀旧，感叹没有朋友。大学生环境适应是成长中必然发生的阶段性问题，我们要分析其原因，再针对性地找到对策。

一、大学生环境适应中常见心理困扰产生的原因

1. 自我评价存在偏差

大学生处于青年初期,同时也延续着青春期的能量。因此,在这个人生的特殊阶段,大学生的自我意识仍然非常强烈,表现为:对周围的人给予的评价非常敏感和关注,哪怕随便一句评价,都会引起内心很大的情绪波动和应激反应。其实心理学中有一种说法叫作"外面的世界没有别人",这种提法并不是让人目中无人,而是试图从另一个视角告诉我们,过于在乎别人的看法是对于自我过于关注的表现,是内在能量不足的表现。

2. 心理脆弱

【调查研究】

近期专门针对"90后"大学生进行的一项调查报告显示,大多数"90后"大学生的心理素质较弱,尤其是抗压能力,明显不足。72.3%的同学表示在遭遇挫折后,自己会留下心理阴影;有5.1%的同学表示自己会因此一蹶不振;表示愿意"总结经验,从头再来"的则只有9.4%。另外,在信息技术高度发达的环境下成长起来的"90后"们,人际交往主要靠电话、短信、QQ及MSN等方式,而传统的聚会、信件等沟通方式则不受青睐。调查结果显示,仅有17.4%和13.8%的"90后"愿以这种方式交朋友。同时,有77.4%的学生感到缺少知心朋友,会因自己无人倾诉而觉得"莫名空虚"和"无助"。

很多大学生从小受到的家庭保护较多,从小没有养成应对挫折的心理素质和合理方法,来到大学之后,生活中最主要的任务不再只是学习,然而很多大学生并没有及时调整自我,不能

正确认识和评价自我,从而渐渐在大学生活中迷失自我。可见对于大学生而言,环境变化越大,自己的应对能力越差,挫折带来的冲击也就越大。

3. 情绪不稳

心理学家霍尔认为青年期处于"蒙昧时代"向"文明时代"演化的过渡期,其特点是动摇的、起伏的,他把这一时期称为"狂风暴雨"时期。大学阶段正处于这个特殊时期,因此情绪丰富多变不稳定。面对学习与生活中新的烦恼与困难,一个感人的故事、一首动听的歌曲、一句感触的话语都会激起大学生内心的浪花,这样的浪花很美,然而波动性也很大。当负面情绪的浪潮涌来时,忽而欣喜若狂,忽而愁绪满腹,大起大落的情绪势必影响正常的学习生活。

4. 缺乏社会支持

社会支持包括外界提供的情感、物质、信息等方面的帮助,可以降低压力事件的负面影响。对于大学新生而言,来自同学、学校以及家庭的支持往往会显得滞后或不足,更主要的是大学新生在遇到心理问题时一般不会主动寻求社会支持。有研究表明:大学新生在面对心理压力的时候,自己解决是主要策略,这一方面表明大学新生比较自信,但另一方面也反应出他们缺乏寻求帮助的意识和习惯。而这种需要别人帮助的意识和习惯的缺乏对于尚未完全成熟、无法通过自身努力解决所有问题的学生而言,是令人担忧的,因为如果过分依赖自己,一旦自己的努力不能解决问题,就会很容易采取听天由命或者逃避等消极的应对方式。

二、新生常见适应问题的对策

适应能力是大学生心理健康的重要标准之一,为了更好地适应大学生活,我们要积极寻找应对的方法,努力做到以下几点:

1. 培养和塑造健全的人格

培养和塑造健全的人格有助于大学生勇于探索、创新,发挥潜力,抓住学习的最佳时机,制定合乎实际的计划并付诸行动;有助于大学生进行正确的自我评价,避免自视过高导致的自负自满,或者估价过低产生的自卑沮丧的消极情绪;有助于培养、提高自我调节能力,使大学生在外部环境和自我身心不断变化的过程中,保持满意和愉快的心理体验和心境,表现乐观而自信的生活态度。克服内心波动,培养积极参与和协作的精神,有助于大学生更好地完善小我,改造大我,不断剖析自己、反省自己、完善自己。

2. 主动熟悉生活环境

人的一生,不同阶段会经历不同的生活环境,大学新生面临的校园环境是人生中适应新环境的第一阶段。新的生活环境中必有许多新的特点,我们要带着挖掘宝藏的良好心态去接纳新环境,才能尽快适应新环境。对于校园内的环境,我们随着生活和学习的进展很快就会熟悉起来,而对于校园外的环境,今后的实习实践也会给我们许多认识和了解的机会,因此只要积极融入客观环境,熟悉起来并没有多大问题。

3. 做好大学学习生涯设计

中学的学习目标非常明确,即考大学。而大学的学习目标是什么呢?有的同学是继续深造,有的同学是想找一份好的工作。无论你的目标是其中的哪一种,你都要根据自己的实际情况,认真地给自己定位,同时制定一份详细的大学学习生涯设计,要将大学具体的目标划分成各个阶段小而精确、详细的目标。只有这样,你才能体会到大学生和学习中的成绩感和充实感。

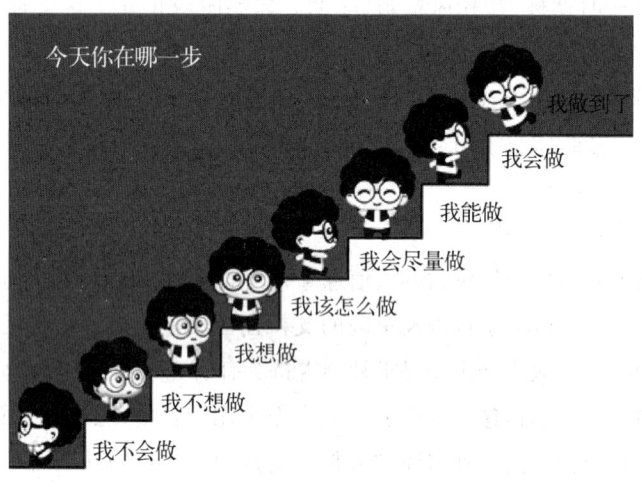

4. 建立良好的人际关系

良好的人际关系建立离不开良好的人际沟通,良好的人际沟通可以开启人与人之间信任之门,可以化解人与人之间冲突的烦恼,可以增进人与人之间的感情。在人与人相处的过程中,你尊重别人,别人同样也会尊重你,这样就会彼此尊重。理解和信任他人是建立良好人际关系的基础,只有建立在理解和信任他人的基础上的人际关系才能纯洁、长久而有活力。

5. 加强大学生心理咨询中心作用

针对目前我国高校心理健康教育的实际情况,应设立大学生心理健康教育与咨询的常设机构,负责全校的心理健康教育和咨询工作,并为每一位大学生设立心理健康档案。通过心理健康调查和测验,掌握学生们的心理健康现状和主要问题,分类进行心理辅导,做到早发现,早治疗,争取把问题消灭在萌芽状态。大学生应把心理咨询当作是心理保健的方法之一,大胆咨询,勇于求助,积极主动地维护自己的心理健康水平。

活动与拓展

活 动 一

【主题】:找呀找呀找朋友

【目标】:认识新朋友

【活动过程】:全班学生围成两个同心圆,里面一圈,外面一圈。里面一圈的同学和外面一圈的同学面对面的站好。当老师喊"开始",外圆的同学顺时针转动,内圆的同学逆时针转动,由老师来放"找朋友"的音乐,音乐声一听,同学们就要停下脚步,和对面的同学握手,交谈并介绍自己的名字。音乐声再响起,继续转动,音乐声停下继续认识新朋友。最后老师随机访谈几位同学,看他(她)记住了几位新同学的名字并谈谈自己认识新朋友的感受。

活 动 二

【主题】:滚雪球

【目标】:熟悉身边的同学

【活动过程】:把全班同学分成人数基本相等的几个小组。同学们围成一圈,进行"自我介绍"。内容包括:姓名,来自哪里,个人兴趣爱好。每人都要记住小组中其他人的这三样信息。准备时间结束后,老师开始进行各小组比赛,每组随机指定一个开始的同学,依次顺时针或者逆时针进行连环自我介绍,语句的模板为第一位同学:"我是×××同学",第二位同学说:"我是×××同学右边的×××同学",第三位同学说:"我是×××同学和×××同学右边的×××同学",哪组到最后一名同学讲完用的时间最少,准确率最高,就为获胜组。

课外资源

【心书推荐】

1. 李子勋.心灵飞舞[M].北京:中国广播电视出版社,2006.

2. 郑晓边.心灵成长——校园生活中的健康心理与辅导[M].合肥:安徽人民出版社,2006.

3. 孔燕.微笑成长——大学生心理健康教育案例[M].合肥:安徽人民出版社,2003.

【观影疗心】

1. 心灵捕手,1997 年,导演:格斯·范·桑特

2. 雨人,1988 年,导演:巴里·莱文森

3. 国王的演讲,2011 年,导演:汤姆·霍伯

【网络课堂】

1. 岳晓东:幸福在我心

2. http://open. sina. com. cn/Xinfu. html

3. 中央电视台心理访谈:心理学专家谈人生路

4. http://video. sina. com. cnv/b/29795876 – 526843345. html

心理测试

心理适应能力的测试

下面的问题能帮助你进行心理适应能力的自我判别。请认真阅读,然后从每个项目后面所附的三个备选答案中选出一个来。

1. 我最怕转学或转班级,每一个新环境,我总要经过很长一段时间才能适应。

A. 是   B. 无法肯定   C. 不是

2. 每到一个新地方我很容易同别人接近。

A. 是　　　　　　　　B. 无法肯定　　　　　　　C. 不是

3. 与陌生人见面，我总是无话可说，以至感到尴尬。

A. 是　　　　　　　　B. 无法肯定　　　　　　　C. 不是

4. 我最喜欢学习新知识或新学科，能给我一种新鲜感并能调动我的积极性。

A. 是　　　　　　　　B. 无法肯定　　　　　　　C. 不是

5. 每到一个新地方，我第一晚总是睡不好，哪怕在家里我只要换一张床，有时也会失眠。

A. 是　　　　　　　　B. 无法肯定　　　　　　　C. 不是

6. 不管生活条件有多大的变化，我也能很快习惯。

A. 是　　　　　　　　B. 无法肯定　　　　　　　C. 不是

7. 越是人多的地方我越感到紧张。

A. 是　　　　　　　　B. 无法肯定　　　　　　　C. 不是

8. 我考试的成绩多半不会比平时练习的时候差。

A. 是　　　　　　　　B. 无法肯定　　　　　　　C. 不是

9. 全班的同学都看着我，心都快跳出来了。

A. 是　　　　　　　　B. 无法肯定　　　　　　　C. 不是

10. 对他（她）有看法我仍能同他（她）交往。

A. 是　　　　　　　　B. 无法肯定　　　　　　　C. 不是

11. 我做事总有些不自在。

A. 是　　　　　　　　B. 无法肯定　　　　　　　C. 不是

12. 我很少固执己见，常常乐于接受别人的意见。

A. 是　　　　　　　　B. 无法肯定　　　　　　　C. 不是

13. 同别人讨论时我常常感到语塞，事后才想起该怎样反驳对方，可惜已经太迟了。

A. 是　　　　　　　　B. 无法肯定　　　　　　　C. 不是

14. 我对生活条件要求不高，即使条件很艰苦，我也能是过得很愉快。

A. 是　　　　　　　　B. 无法肯定　　　　　　　C. 不是

15. 有时自己明明把课文背得滚瓜烂熟，可在课堂上背的时候，还是会出错。

A. 是　　　　　　　　B. 无法肯定　　　　　　　C. 不是

16. 在决定胜负成败的关键时刻，我虽然很紧张，但总能很快使自己镇定下来。

A. 是　　　　　　　　B. 无法肯定　　　　　　　C. 不是

17. 我不喜欢的东西，不管怎么学也学不会。

A. 是　　　　　　　　B. 无法肯定　　　　　　　C. 不是

18. 在嘈杂混乱的环境里，我仍能集中精力学习，并且效率更高。

A. 是　　　　　　　　B. 无法肯定　　　　　　　C. 不是

19. 我不喜欢陌生人来家里做客，每逢这种情况，我就有意回避。

A. 是　　　　　　　　B. 无法肯定　　　　　　　C. 不是

20. 我很喜欢参加社交活动,我感到这是交朋友的好机会。

A. 是　　　　　　　　B. 无法肯定　　　　　　　　C. 不是

评分规则:

凡是奇数号的题,选"是"得—2分,选"无法肯定"得0分选"不是"得2分。

凡是偶数号的题,选"是"得2分,选"无法肯定"得0分选"不是"得—2分。

结果分析:

35—40分:心理适应能力很强,能很快地适应新的学习、生活环境,与人交往轻松大方。给人的印象极好,无论进入怎样的环境都能应付,左右逢源。

29—34分:心理适应能力良好。

17—28分:心理适应能力一般,当进入一个新的环境,经过一段时间的努力,基本上能适应。

6—16分:心理适应能力很差,依赖于好的学习生活一旦遇到困难则易怨天尤人,甚至消沉。

5分以下:心理适应能力很差,在各种新环境中,即使经过一段时间的努力,也不一定能够适应,常常困惑,因与周围事物格格不入而十分苦恼。在于他人的交往中,总是显得拘谨,羞涩,手足无措。

如果你在这个实验中得分较高,说明你的心理适应能力较强。但是,如果你的得分较低,也不必忧心忡忡,过于担心。事实上,一个人的适应能力是随着年龄的增长知识经验的丰富而不断增强的。只要你充满信心,刻苦学习,虚心求教,加强锻炼,你的适应能力一定会增强的。

参考文献

1. 崔丽娟等.心理学是什么[M].北京:北京大学出版社,2002.

2. 吴增强.学校心理辅导通论[M].上海:上海科技教育出版社,2004.

3. 廖冉等.90后大学生积极心理健康教程[M].北京:中国物质出版社,2012.

4. 苏碧洋.大学生心理健康教育与辅导[M].福建:厦门大学出版社,2012.

5. 吴萍娜.大学生心理健康与发展:我的大学,从"心"开始[M].福建:厦门大学出版社,2013.

第三章　成功交往，快乐生活

小小日记

　　我们宿舍有两个活宝，一个叫叮叮，一个叫雯雯。叮叮是班上的文艺委员，爱唱爱跳，她经常在宿舍播放她的推荐曲目，自从有了她，妈妈再也不用担心我不会唱歌了，宿舍天天都是

KTV，莺歌燕语，那个热闹啊，哈哈哈^_^！雯雯是班上的学习委员，爱读书爱生活，自从有了她，妈妈再也不用担心我不交作业了，天天催催催，催得比我妈都着急呢！这两个活宝我都喜欢，一个让我放松，一个让我上进，都是我的小伙伴啊！然而，前几天，他们俩自己掐起来了。那天，叮叮在宿舍放歌，雯雯不想听，叮叮觉得现在是休息时间，而且宿舍里其他人都没意见。雯雯觉得宿舍是集体空间，听歌不能强迫所有人一起陪着，然后两人就＃￥％！@&﹡(⊙o⊙)……这周她俩都互相不说话了，宿舍的气氛特别压抑，我的歌曲没得听了，作业也没人催了，甚是烦恼啊……我该怎么劝劝她俩呢？

点　评

　　大学宿舍集合了不同性格、不同爱好的同学，生活在一起难免会发生一些摩擦和碰撞。最近小小遇到的这起冲突，显然就是大学宿舍里典型的人际冲突，究其事情根源，并没有谁对谁错，重要的是无论你是当事人还是旁观者，当宿舍里发生了这类事件时，应该如何应对，如何化解，如何让宿舍恢复和谐温馨的环境。

学习目标

1. 认识大学生的人际交往
2. 熟悉人际交往的误区与交往中的常用技巧
3. 掌握大学生人际交往的基本原则，提升自己的人际交往魅力

第一节　认识人际交往

卡耐基工业大学的一项调查显示,事业的成功85％取决于良好的人际关系。日本学者铃木健二在对工作调动者调动的原因进行调查时发现,95％是因为人际关系问题而调往其他工作岗位,只有5％是因为薪水的原因。而在生活中,因人际关系紧张、人际关系冲突和人际关系缺失所引起的心理问题和行为问题又占较大的比重,尤其对大学生来说,大学生活中的人际关系问题也是非常重要的。

一、人际交往的含义

人际交往是人与人交往关系的总称,它包括亲属关系、师生关系、同学关系、同事关系、朋友关系、雇佣关系、上下级关系等多个方面。具体地讲,人际交往是个体通过一定的语言、文字或肢体动作、表情等表达手段,将信息传递给其他个体或者整个组织群体的过程。

二、人际交往的常见类型

对大学生而言,常见的人际交往类型有同学关系、师生关系(含师徒关系)、家庭关系以及新时代备受青年人关注的网友关系(网络人际关系)。

1. 同学关系

和谐的同学关系是和谐人际关系的重要内容。在学校生活中,同学关系是影响个人成长发展的一个至关重要的方面。大学同窗是青春岁月里最单纯、最真挚的交往对象。在校期间,大学同学是自己的朋友,陪伴自己共同成长。毕业之后,很多大学同学是自己的同行,在社会竞争中增加了很多社会支持。因此同学关系是每个人一生的财富,一定要学会互相尊重、互相帮助,要能够站在他人的立场想问题。同学关系可以是一张纸,也可以是一本书,就看我们自己如何去书写。

2. 师生关系

《荀子》说:"君子隆师而亲友。"意思是品德高尚的人尊敬老师并和善地对待朋友,这句话对我们很有指导意义。良好的师生关系是大学生学业有成的有利条件。现代教育理念下,大多数老师改变了以往师道尊严的权威模式,更多地与学生交流交往,促进学生的成长。良好的师生关系可以让自己的大学生活有更多引领,更多思考、更多收获。

3. 家庭关系

家庭关系是人际关系的基础。在大学阶段,大学生与父母的关系,对父母的认识、态度以及父母对自己的影响、要求,均发生了较大的变化。大学生开始重新认识父母,理解父母的亲情关爱,开始与父母构造一种新的关系。具体表现为开始尝试与父母"拉开"一定的距离,在心理上"走离"父母,即"心理断乳",尝试去验证自身独立生存的能力,即由被支配到自主、由依赖到独立的过程。生活上和人格上的独立,使大学生表面上变得与家庭不再那么亲密,但是大学生从内心还是十分渴望家庭的支持与理解。良好的家庭关系无论在人生的哪个阶段都是源源不断的支持与动力,大学阶段也不例外。

【知识卡片】

心理学家的研究表明,那些主动向别人表示爱和关心的人,获得的回报往往也多,更容易与他人形成友好的人际关系。在一个家庭中,孩子应该主动地关心父母,承担必要的家务。尤其是在父母生病或是不顺心的时候,更应该表现出你的关怀和爱心。正是在这种互相关心、互相爱护、互相帮助的气氛中,你才能与父母形成和谐的关系。

三、人际关系对大学生成长的影响

1. 人际交往是认识自我、完善自我的必要手段

人是社会性的动物,生活在人群中,对自己的评价很大程度上来源于与他人的交往。比如与同班同学相比,我发现自己是一个英语口语还不错的人,我发现自己唱歌有点天分,但是体育长跑是弱点。类似这样的自我认知,来源于人际交往,来源于同类比较。通过人际交往,"我"的形象越来越完善,越来越务实。

2. 人际交往能够促进身心健康和性格优化

和谐的人际关系能够获得源源不断的精神动力,在与人交往中培养真挚的友情,向知己敞开自己的心扉,缓解抑郁的情绪,与他人一起分享快乐、分担苦闷。同时能够得到大家的欣赏和认可,增强自己的人际自信,让自己保持乐观。正如英国学者培根所说,得不到友谊的人将是终身可怜的孤独者,没有友谊的社会则只是一片繁华的沙漠。

3. 人际交往促进学业进步与事业成功

爱默生说过,普通人想的是如何养生、如何聚财、如何加固屋顶、如何备齐衣衫,而聪明人考虑的却是怎样选择最宝贵的——朋友。友谊是自己一生的宝贵财富,它远比物质财富、锦衣玉食更重要。正如托·富勒所讲,交易场上的朋友胜过柜子里的钱款,而获取挚友的途径就是开展良好的人际交往。在学生时代,人际交往能够帮我们解决学业的困惑,促进共同进步;走入社会后,良好的人际关系是一笔源源不断的社会财富,能够让我们渡过一个又一个难关。

四、影响人际交往的因素

1. 时空接近因素

时空上的接近是影响人际交往的一个重要因素。一般来说,同学、同事、同乡、邻居、同宿

舍的舍友,由于时空上接近,往往会有更多的人际交往和人际吸引。时空距离的接近与交往的频率有直接的关系。这是因为:首先,时空接近可以减少很多交往的成本。不花太多精力,不费什么金钱,就可以得到交往的乐趣,中国有句俗话"远亲不如近邻"就是这个道理。其次,时空接近的人经常拥有共同的生活背景、共同的关注话题,因此交往起来容易沟通,容易产生共鸣。再次,邻近促进熟悉,熟悉促进喜欢,喜欢又促进了交往,所谓的"日久生情"就是最好的说明。

2. 态度相似因素

相似性是人际吸引的重要因素,它包括年龄、性别、社会地位、经济状况、教育程度、职业、兴趣、信念、态度等多方面的相似,其中最重要的是相似是态度的相似。因为态度相似的人,误会和冲突比较少,心理愉悦和相互接纳是顺利交往的保证。态度相似的人,根源上是价值观的相似,因此相互认同而产生的心理满足感是深刻的,是富有安全感和成就感的。

3. 需求互补因素

在态度、价值观相似的基础上,双方在需要、气质、性格等反面互补时,往往能促进交往。生活中我们常常可以见到这种互补现象:脾气暴躁的人与细心温和的人能融洽相处,活泼健谈的人和沉默寡言的人友谊深厚。这是因为双方都能满足彼此的需要,都能从交往中有所获益或得到帮助,因而这种交往就有维持和发展的动力。心理学家对气质相同的人合作的效果和气质不同的人合作的效果进行了比较研究,结果发现,两个强气质(如胆汁质)的学生组成的学习小组,常常因为对问题各抒己见、争执不下而影响了团结和效率;两个弱气质(如抑郁质)的学生在一起,又常常缺乏主见,面面相觑;而两个气质类型有差异的学生组成的小组最为团结,学习效果也最显著。

4. 才华能力因素

一般情况下,一个人越有才华就越受人喜欢,就越有利于交往,但并不永远都成正比。社会心理学家阿郎森通过实验证明,在人际吸引中存在一种"犯错误效应",即一个有能力、有才华的人,偶尔犯一点小错误会使别人更喜欢他。因为一个才能出众、不犯错误的人如果在你身边,会让你自惭形秽,会让你倍感压力,会让你不喜欢不完美的自己。所以人们自动选择屏蔽,自动选择远离,这就是为什么很多看似完美的人"曲高和寡"。总之,一个人要想成功交往,能干虽然是必不可少的因素,但如果能力特别突出的话,不妨也适当利用一下"犯错误效应"并敢于承认错误来增强自己交往的吸引力,润滑与他人的人际关系。

5. 仪表风度

一般情况下,人们喜欢与仪表好、风度佳的人打交道。因此,在某种情况下,好的仪表风度是交往过程中的一张重要的通行证。一是良好的仪表形象具有审美作用。常言道:爱美之心,人皆有之。人们看了仪表好、举止优雅的人感到舒服,欣赏的同时产生美感,因而增加喜欢的程度。二是良好的仪表形象具有晕轮作用。心理学上的晕轮效应又称为"光环效应",指的是当认知者对一个人的某种特征形成好或坏的印象后,他还倾向于据此推论该人其他方面的特征。

犯人照片　晕轮效应

　　心理学中曾经做过一个实验,给两组大学生看同一个人的同一张照片。在看这张照片之前,对一组大学生说,照片上的人是一位屡教不改的罪犯;对另一组大学生说,照片上的人是一位著名的学者。然后,让这两组大学生分别从这个人的外貌来说明他的性格特征。结果两组大学生的解释截然不同。第一组大学生说,深沉的目光里隐藏着险恶,突出的下巴表明他死不悔改的决心。第二组大学生说,深沉的目光表明他思想的深刻性,突出的下巴表明了他在科学道路上勇于攀登的坚强意志。

第二节　掌握交往技巧跨越沟通障碍

一、人际交往的信任危机

　　信任危机与社会的整体价值趋向、与个人的价值观念是分不开的。不良的价值观念只会加速信任危机的产生和蔓延,在经济飞速发展的今天,当社会价值观念、社会道德行为规范受到严重侵袭的时候,更要遵守道德规范,坚持诚实、守信,并积极与人交换思想,以赢得对方的信任。具体而言,我们认为要建立人与人之间的信任感,应该做到以下三点:第一,行事透明。如果你在与人交往时为了掩饰什么而采取了隐瞒或者欺骗,即使别人没有及时发现,也会直觉你有什么让人不自在的地方。更何况一旦发现,信任危机爆发后就很难挽回损失。第二,真诚正直。值得信任的人,一定是为人真诚正直的人,经常想占便宜、不吃亏的人,往往价值观不正确,为人处世都让人不喜欢、不信任。试想,到商店里买东西,我们宁可选择价格高一点但质量过硬的商品,也不会选择价格便宜的假冒商品。第三,遵守承诺。学生认真完成学业就是对

自己成长的承诺,我们很难想象一个上课经常迟到、作业经常不交、聚会经常爽约的人,是一个值得信任的人。不轻易作出承诺,严格遵守承诺,才能让我们的人生赢得更多的支持和信任。

二、正视人际交往的"脸红"现象

　　"脸红"通常在受到内部或者外部的情绪刺激时才产生。也就是说,脸红既有生理的原因(比如人们常说的"喝酒上脸")也有心理的原因(比如会见陌生人时因紧张而脸红)。每个人在与自己不熟悉或比较重要的人交往时,都会出现一种紧张或激动感,并反射性地引起人体交感神经兴奋,去甲肾上腺素等儿茶酚胺类物质分泌增加,从而使人的心跳加快,毛细血管扩张,即表现为脸红。这本是人际交往中的一种正常反应。

从心理学上讲，"脸红"问题主要与两个方面的原因有关，一是害羞，二是过分关注自己在他人面前的表现。害羞是一种在他人面前感到不自在和受控制、避免与他人接触的倾向。斯坦福大学害羞研究计划的结果表明，每个人都有过害羞经验，3岁以前可以说是正常害羞期，以后几乎每个年龄阶段的人都会有害羞的表现，其中13—15岁少年最容易害羞。儿科教授威廉·加德纳将害羞当作人类性情正常范围内的一部分。在人际交往中，害羞常常会伴随有"脸红"现象的出现。

在社交场合中要转变对"脸红"的态度，关键是要保持平常心。基于前面的说明，社交场合中"脸红"问题的主要原因在于个人对待社交场合中"脸红"现象的态度不明确。心理学家认为，可以从以下几方面来调整对"脸红"的态度。改变对"脸红"现象的认知。这一点其实在前面已提及，即了解"脸红"现象背后的生理和心理意义。与陌生人会见时脸红，是一种很正常的生理和心理现象。社交过程中的"脸红"现象本身并不是一种心理问题。

改变在社交活动中的固有行为模式。原本正常的"脸红"现象逐渐演变成一种社交障碍，是一个恶性循环的结果。在社交活动中，"脸红"伴随心理紧张而出现。但有些人不自觉地将注意力集中于"脸红"上来，进而期望阻止脸红的发生，结果事与愿违，越想阻止，越是脸红。时间一长，就演变成一种社交障碍。因此，在社交活动中有意识地减少对"脸红"的关注，通过一些放松训练来缓解心理上的紧张就成为改变前述恶性循环的关键。

三、克服人际交往的自卑心理

在日常生活中，除去心理和生理缺陷而引发的自卑感，由于家庭经济状况较差、贫富差距悬殊、校内同学之间生活水平不一，而在学生群体中引发的自卑状况也就越来越多。如自卑是一些贫困生的心理特点之一，他们的心理往往比其他同学更加敏感，容易形成情绪和情感上的强烈波动，他们在人格特质上更多地表现为内向谨慎、情绪不稳定，参与社会的程度较低。

在与他人的交往中，两个人是否能够形成和谐融洽的关系，主要是建立在双方的兴趣爱好、性格品德方面。若将钱财、相貌等条件看得过重，放在首位，则可能在交往中有焦虑和自卑感。

1. 正确评价自己

自卑感重的人常常放大别人的优势与自己的不足，倾向于用别人的长处和自己的短处比，长此以往，不但不能激发奋起直追的勇气，反而会越比越泄气，从而贬低、否定自己。"知己知彼，百战不殆"，要对自己和他人的优缺点进行客观的评价，既能发现自己的短处，又能不夸大自己的缺点，能恰如其分地看到自己的长处，不能因为自己的某些不如人之处，而看不到自己过人之处，自己瞧得起自己，别人也不会轻易小看你。不要和其他人比较那些自己无法改变的短板（比如身高）。而要注意弥补那些通过自己努力可以改善的劣势（比如成绩不理想），要注意发扬自己的优点，将自卑的压力转变为发挥优势的动力，从自卑中超越。

2. 确立恰当的追求目标，一步步增强自信

一个人不可能任何事都强于别人，在选择目标时除考虑其价值和自身的愿望外，还要考虑实现的可能性，不对自己提出过高的要求。与其追求那些不切实际的东西，不如设立一些较为

现实的目标,采用小步快跑原则,多做一些力所能及、把握较大的事情,即使很小的事情,也要争取成功。要不断地鼓励自己,确立自信心,循序渐进地克服自卑心理。

3. 积极"走出去",逐步开阔眼界

自卑心重的人往往眼界相对狭窄。由于缺乏直面他人、展示自己的勇气,就会进一步放大自己的不足,导致恶性循环。其实最难的一步就是向自信迈出的第一步。只有走出自身的心理阴影,大胆展示自我,积极地同周围的人相处,学习别人的长处,逐步开阔自己的眼界,才能增强自身的见识与能力,才能从根本上克服自卑心理。

四、解决人际交往中的冲突问题

人际冲突是指人与人在相互交往和互动过程中,因为种种原因产生意见分歧、争论、对抗,使得彼此关系出现一定程度的紧张状态,并为双方所感到的一种现象。在工作和生活中,人际冲突的产生是非常普遍也是不可避免的,可能有以下几点原因:

1. 沟通偏差

沟通存在于人们分享信息、思想和情感的任何过程。这种过程不仅包括口头语言和书面语言,也包含形体语言、个人的习气和处事方式、物质环境等。不良沟通是冲突产生的原因,沟通过少或过多都会增加冲突潜在的可能性。另外,沟通通道也是导致冲突产生。

2. 文化差异

这是构成人际冲突的另一个重要的原因,人的受教育程度、生活或工作环境、社会政治制度、习俗差异等都是造成文化差异的原因。

3. 角色差异

每个人在社会生活中都会有一个特定的角色位置。不同角色位置上的人,其思想观念和行为方式也会有所不同。如果固守自己的角色,不注重对其他角色观念、角色行为的理解,就会导致角色与角色之间的冲突。

4. 心理背景

心理背景指交往双方的情绪和态度。心理背景不同也会导致相互理解的差异,容易产生冲突。

在学习和生活中,由于人际关系而引起的冲突在所难免,甚至有时需要一定的冲突来带来良性的刺激,但是,对于在校学生而言,同学间的冲突带来的更多还是困扰。如果我们从改善自身出发,注意自己的言行举止和心理活动,还是可以在较大程度上减少冲突和摩擦。为此我们建议:

(1) 尊重他人的不同意见。当许多人的观点和自己的不一致时,人们常常只找出那些和自己观点一致的人,这样做只会使冲突一次又一次地发生。

(2) 不要轻视、责备他人。某些人轻视他人是为使自己看起来更高大。要避免对人指手画脚,大多数缺乏自知之明的人时常这样做,但这种人最终将成为人际关系最糟的人。

(3) 耐心听取他人意见。每个人都有必要培养听的技能。出现矛盾时,人们总希望别人听自己说,却从不在乎别人的想法,总觉得自己才是最重要的。其实,如果双方都能耐心倾听对方发言,矛盾会解决得更快。

(4)说话时多使用委婉的表达方式。如"我想……""我觉得……""我需要……"等表达方式。这是因为,当直截了当地说"你"该怎样、不应该怎样时,就是将对方置于敌对的位置上。

(5)需要说出自己的需要。建议勇敢地说出自己的想法,让别人知道,这将有助于建立人与人之间的信任,最终达成一致意见。

【互动游戏】

1. 对着镜子大声说:"我是一个讨人喜欢的人","别人愿意与我交往,只要我对他们说第一句话"等句子增强自己的自信心。

2. 写出10条自己的优点。把优点读给自己听,体会其中的感受。

3. 写出10条你好朋友的优点,在本周适当的时间内讲给他(她)听。

4. 思考几个问题:

(1)你认为影响人际交往的因素是什么?

(2)如何提高你的人际交往能力?

(3)你认为应该如何与人交往?

第三节 习得交往艺术,增强交往魅力

小故事

　　美国知名主持人林克莱特一天访问一名小朋友,他问:"你长大后想要当什么呀?"小朋友天真地回答:"嗯……我要当飞机驾驶员!"林克莱特接着问:"如果有一天,你的飞机飞到太平洋上空,所有的引擎都熄火了,你会怎么办?"小朋友想了想,说"我会先告诉坐在飞机上的人绑好安全带,然后我挂上我的降落伞跳出去。"当在现场的观众笑得东倒西歪时,林克莱特继续注视着这个孩子,想看他是不是自作聪明的家伙。没想到,接着孩子的两行热泪夺眶而出,这才使得林克莱特发觉这孩子的悲悯之情远非笔墨所能形容。于是林克莱特问他:"为什么要这么做?"小孩的回答透露出一个孩子真挚的想法:"我要去拿燃料,我还要回来!!"

一、学会倾听

　　古希腊有几句谚语:聪明的人,借助经验说话;而更聪明的人,根据经验不说话。有一句谚语是:雄辩是银,倾听是金。中国长久信奉着"言多必失"的观点。专注地倾听对方谈话,是对对方的礼貌和尊重,是对对方的一种赞美和恭维,对方也会因此而喜欢、信赖你并乐意与你交往。

　　从信息的传递模式来看,人际沟通是一个由信息发送者发出信息,通过传递渠道将信息传递给信息接受者的过程。发送者的"能言善辩"固然是信息传递的有利条件，但是接受者能否有效地倾听，也是沟通能否有效达成、信息反馈能否实现的关键一环。倾听不仅仅是"听"，而是实现人际互动的必要过程，它对人际沟通的参与者都有较高的要求。

二、恰当赞美

心理学家威廉·詹姆斯指出，人性中最根深蒂固的本性是渴望受到赞赏。人们渴望受到赞赏，如同渴望雨露和阳光。能否获得赞美，以及获得赞美的程度，便成了衡量一个人社会价值的标尺，每个人都希望在赞美中实现自身的价值。马斯洛在需要层次理论中也指出：人有生理的需要、安全的需要、社会的需要、尊重的需要和自我实现的需要。在马斯洛是心理学中，价值感（即人对什么是有价值的反应）被置于中心地位。也就是说，无论文化、种族、国家有何不同，每个人都需要被他人承认、认同和尊重。

三、微笑沟通

微笑是一种化学刺激反应，它激发人体各个器官活动，尤其是激起大脑和内分泌系统的活动。无论是从生理学还是心理学角度来说，会心的微笑是良好心境的最佳表露，非常有助于神经系统的稳定和免疫力的增强，对人体健康十分有利。当我们看到一张笑脸时，我们的大脑神经就收到指令，指挥面部肌肉展示微笑，因而会以微笑来回馈对方。微笑在人际交往中实际上是一个双向的过程，在这一过程中，彼此之间的关系自然就会拉进。需要指出，交往者如果对自身缺乏足够的认识，也容易产生对他人和社会的失望感。从这一点来看，微笑不仅仅是一个与他人沟通的过程，它同时也反映了个体本身的内心状态，并且在一定程度上与内心的积极状态成正比。

如果你没有微笑的习惯，那么你就要多多练习，主动提醒自己微笑，如吹吹口哨或哼个曲子，使自己高兴起来，这样脸上就会露出笑容。无论什么时候，请记得真诚地微笑。真诚的微笑能调节体内的荷尔蒙分泌，体内产生的胺多酚，能够让人由内向外散发愉悦的光彩。

四、学会"换位思考"

换位思考是在与人相处中一个十分重要的技巧，客观上也就要求我们将自己的内心感受，如情感体验、思维方式等与对方联系起来，站在对方的立场上体验和思考问题，自己从而与对方在情感上得到沟通，为增进理解奠定基础，架起一座便于沟通的桥梁。

在交往中，人与人之间需要坦诚相待，更需要懂得换位思考。只有不断地换位思考，才会相互尊重，也只有不断地换位思考，才会获得更多的尊重。凡事如果都能做到换位思考，即使心中有再大的怒气与怨气也会消除很多。因为觉察的时候，我们往往觉察自己的问题，去理解别人，那么人就会变得越来越圆融，会换位思考，以一颗平常心去面对生命中的一切变化，你便会有意外的收获。其实只要我们心胸开阔一点，胸怀坦荡一点，就会觉得海阔天高，人自然也就开朗乐观了。

活　动　一

【主题】：心有千千结

【目标】：1. 体验团队合作的力量与快乐；2. 在游戏中感受个人与集体的关系，体验个人对团队的信任与责任。

【活动过程】：

1. 将全班同学分成若干组，每组 10—12 人。每个小组同学手拉手围成一个圆圈，每位同学要记住自己左右手相握的人。

2. 在节奏感强的背景音乐声中，大家放开手，朝圆圈中心自由走动，音乐声一停，脚步即停，找到原来左右手的人分别握住。

3. 小组中所有参与者的手都彼此相握，形成一个错综复杂的结。在节奏舒展的音乐声中，组织者要求大家在手不能松开的情况下，无论用什么方法（跨、套、转等），把刚才编织的千千结慢慢解开，直到恢复到原来围成的圆圈。

4. 第一轮每圈人数不多容易完成任务，第二轮可以把两个小组合并，用同样的方法解开稍大的结，第三轮可以全班的同学合并形成特大的结，用同样的方法慢慢解开。

【讨论与分享】：

1. 小组成员是怎样解开这个结的？解开这个结后有何感受？

2. 这个活动对你有什么启发？请你举一个生活中成功打开心结的例子与组员分享。

活　动　二

【主题】：优点轰炸

【目标】：学习发现别人的优点并欣赏，真诚赞扬，促进同学间相互肯定和接纳。

【活动过程】：

1. 把学生分成几组围圈坐，每组 8—10 人。

2. 请一位学生坐在或站在围圈中央，其他人轮流说出他的优点及欣赏之处（如性格、相貌、处事……）。

3. 重复：以同样的方式继续，直到每一个成员都被称赞过。

4. 规则：每个人必须说优点，态度要真诚，努力去发现他人的长处，但不能毫无根据地吹捧，这样反而会伤害别人。

5. 每个人要注意体验，被人称赞时的感受如何。

6. 活动过程中播放歌曲《朋友》。

【讨论与分享】：

1. 当被他人赞赏时，你的心里是怎样想的？

2. 别人说出的哪些优点是自己以前察觉到的，哪些是没有察觉到的？

3. 怎样用心去发现他人的长处？

4. 通过本活动你有什么样的想法？

活 动 三

【主题】信任之旅

【目标】换位思考，增加人际间的互助和理解

【活动过程】：

事先要选择好盲行路线，最好道路不是坦途，有障碍，如上楼、下坡、拐弯等，室内室外结合。每人准备一个眼罩或蒙眼睛用的布条。将学生分成两人一组，一位做"盲人"，一位做向导。"盲人"蒙上眼睛，原地转3圈，暂时失去方向感，然后在向导的搀扶下，沿着指导者选定的路线，绕室内外活动。向导在此期间不能讲话，只能靠肢体接触给同伴提供指导，共同完成特定距离的任务。

可以互换角色进行游戏。

【讨论与分享】：

1. "信任之旅"活动结束后，将全班同学分成若干组，每组8—10人。

2. 讨论与分享：

(1) 刚才在前进的过程中，什么都看不见，你有什么感受？（害怕、恐惧、紧张等）

(2) 在前进中难免磕磕碰碰，这时候你有什么感受？（埋怨、生气、害怕等；内疚、紧张、担心、慌乱等）你对你的伙伴的帮助是否满意？

(3) 在整个活动过程中，你想起了什么？你对你自己或他人有什么新的发现？

(4) 作为向导，你怎样理解你的伙伴？你是怎样想方设法帮助他的？这使你想起什么？

3. 每位同学在小组中谈自己在人际交往中的经历，交流彼此的感受与体会。

课外资源

【心书推荐】

1. 岳晓东.通向心灵旺盛的十堂课[M].北京：世界图书出版公司，2010.

2. ［美］戴尔·卡耐基.人际关系学[M].北京：中国画报出版社，2011.

3. 王沚明，邹简.哈佛积极心理学笔记：哈佛教授的幸福处方[M].北京：中国言实出版社，2011.

4. 聂振伟.心灵的距离——人机关系解码[M].北京：高等教育出版社，2008.

5. ［美］戴尔·卡耐基.卡耐基沟通与人际关系[M].北京：中信出版社，2009.

6. ［美］戴尔·卡耐基.人性的弱点、沟通的艺术、人性的优点[M].天津：天津社会科学院出版社，2007.

【观影疗心】

1. 墨斗先生，2004年，导演：雷宇扬

2. 社交网络,2010年,导演:大卫·芬奇

3. 傲慢与偏见,2005年,导演:乔·怀特

【网络课堂】

1. 李强:成功人际关系

http://v.ku6.com/show/KW9Zjw-58IOvOOXDCXCg9A...html

2. 菊强:沟通心理学

3. 曾仕强:人际关系学

http://www.iqiyi.com/w_19rt8kd8lx.html

心理测试

人际关系综合评价量表

这是一份人际关系行为困扰的诊断量表,共28个问题,每个问题做"是"(画√)或"否"(画×)两种回答。请你根据自己的实际情况如实回答,答案没有对错之分:

1. 关于自己的烦恼有口难言。　　　　　　　　　　　　　　　　　（　　）

2. 和生人见面感觉不自然。　　　　　　　　　　　　　　　　　　（　　）

3. 过分地羡慕和妒忌别人。　　　　　　　　　　　　　　　　　　（　　）

4. 与异性交往太少。　　　　　　　　　　　　　　　　　　　　　（　　）

5. 对连续不断的会谈感到困难。　　　　　　　　　　　　　　　　（　　）

6. 在社交场合,感到紧张。　　　　　　　　　　　　　　　　　　（　　）

7. 时常伤害别人。　　　　　　　　　　　　　　　　　　　　　　（　　）

8. 与异性来往感觉不自然。　　　　　　　　　　　　　　　　　　（　　）

9. 与一大群朋友在一起,常感到孤寂或失落。　　　　　　　　　　（　　）

10. 极易受窘。　　　　　　　　　　　　　　　　　　　　　　　　（　　）

11. 与别人不能和睦相处。　　　　　　　　　　　　　　　　　　　（　　）

12. 不知道与异性相处如何适可而止。　　　　　　　　　　　　　　（　　）

13. 当不熟悉的人对自己倾诉他的生平遭遇以求同情时,自己常感到不自在。（　　）

14. 担心别人对自己有什么坏印象。　　　　　　　　　　　　　　　（　　）

15. 总是尽力使别人赏识自己。　　　　　　　　　　　　　　　　　（　　）

16. 暗自思慕异性。　　　　　　　　　　　　　　　　　　　　　　（　　）

17. 时常避免表达自己的感受。　　　　　　　　　　　　　　　　　（　　）

18. 对自己的仪表(容貌)缺乏信心。　　　　　　　　　　　　　　（　　）

19. 讨厌某人或被某人所讨厌。　　　　　　　　　　　　　　　　　（　　）

20. 瞧不起异性。　　　　　　　　　　　　　　　　　　　　　　　（　　）

21. 不能专注地倾听。　　　　　　　　　　　　　　　　　　　　　（　　）

22. 自己的烦恼无人可倾诉。　　　　　　　　　　　　　　　　　　（　　）

23. 受别人排斥与冷漠。 （　　）

24. 被异性瞧不起。 （　　）

25. 不能广泛地听取各种各样意见、看法。 （　　）

26. 自己常因受伤害而暗自伤心。 （　　）

27. 常被别人谈论、愚弄。 （　　）

28. 与异性交往不知如何更好相处。 （　　）

计分方法：画"√"计 1 分，画"×"计 0 分，将 28 道题的选择计分求和。

如果你得到的总分是 0—8 分之间，那么说明你在与朋友相处上的困扰较少。你善于交谈，性格比较开朗，主动，关心别人，你对周围的朋友都比较好，愿意和他们在一起，他们也都喜欢你，你们相处得不错。而且，你能够从与朋友相处中，得到乐趣。你的生活是比较充实而且丰富多彩的，你与异性朋友也相处得比较好。一句话，你不存在或较少存在交友方面的困扰，你善于与朋友相处，人缘很好，获得许多的好感与赞同。

如果你得到的总分是 9—14 分之间，那么，你与朋友相处存在一定程度的困扰。你的人缘很一般，换句话说，你和朋友的关系并不牢固，时好时坏，经常处在一种起伏波动之中。

如果你得到的总分是 15—28 分之间，那就表明你在同朋友相处上的行为困扰较严重，分数超过 20 分，则表明你的人际关系困扰程度很严重，而且在心理上出现较为明显得障碍。你可能不善于交谈，也可能是一个性格孤僻的人，不开朗，或者有明显得自高自大、讨人嫌的行为。

参考文献

1. 崔丽娟等. 心理学是什么[M]. 北京：北京大学出版社，2002.

2. 吴增强. 学校心理辅导通论[M]. 上海：上海科技教育出版社，2004.

3. 廖冉等. 90 后大学生积极心理健康教程[M]. 北京：中国物质出版社，2012.

4. 苏碧洋. 大学生心理健康教育与辅导[M]. 福建：厦门大学出版社，2012.

5. 吴萍娜. 大学生心理健康与发展：我的大学，从"心"开始[M]. 福建：厦门大学出版社，2013.

第四章 大学生情绪管理

小小日记

　　我最近很苦恼，因为自己的脾气越来越 hold 不住，因为一点点事情做不好就感到灰心丧气，一件小事就可能让我气急败坏。原来自己读书干劲大，也喜欢参加活动，跟同学、老师的关系都不错，可是做的事情多了，各方面表现好了却越来越不开心，因为好像时时刻刻自己都得带着积极向上的面具，不敢在大家面前表现坏脾气的自己。

　　当我高兴的时候，我不敢和别人表露，怕别人说我炫耀，太高调；当我伤心的时候，也不敢和别人说，怕别人说我弱爆了，只能选择默默地承受；当我生气的时候，特别想拍桌子大吵一架，可又怕大家不喜欢我，所以只能憋在心里。久而久之的压抑，心里就像是放了一块沉甸甸的大石头，越来越不自在。虽然在同学眼里我的大学生活很精彩，但我现在却感到很压抑很痛苦，情绪越来越糟糕，我不知道该怎么办？到底是哪里出了问题？

点　评

　　大学，我们处在青年初期，常常拥有丰富的情绪体验，比如小小就体验到了伤心、高兴、痛苦和愤怒等不同的情绪，但是她不敢表达内心真实的情绪，也没能及时调整情绪，所以总感觉内心沉甸甸的。因此，面对多变的情绪，不是一味压抑与控制而要学会表达情绪，进而管理自己的情绪，这样才能找到快乐的钥匙。而我们应如何认识情绪？如何管理情绪？如何解除情绪的困扰？如何拥有积极向上的情绪体验？本章的学习一定会给你提供必要帮助。

学习目标

1. 理解情绪的内涵
2. 认知大学生情绪的特点及情绪健康的标准
3. 学会表达情绪、管理情绪，培养积极的情绪

_____

_____

_____

_____

_____

_____

_____

_____

_____

_____

_____

_____

_____

_____

第一节　情绪的概述

一、情绪的概述

　　赤橙黄绿青蓝紫，喜怒哀乐悲恐惊，情绪像似五彩斑斓的颜色点亮着我们的生活。我们会因为温暖阳光而心情愉悦，因为绵绵细雨而心情阴霾，因为临近考试而坐立不安，因为逃课成功而暗自欣喜，因为与朋友吵架而垂头丧气，恋爱让你情绪兴奋，失恋让你暗自悲伤……设想一下你是否愿意为了避免产生恐惧的体验同时也不得不失去感受家人关怀带来的惊喜？你是否会愿意为了远离悲伤也同时失去欢乐？情绪——这个我们都拥有的神奇力量使我们的生活变得丰富多彩，生机益然。情绪活动是无时不在、无处不在的，人人皆有情绪。

　　所谓情绪，是指个体受到某种刺激所产生的一种身体和心理上复杂的状态反应。情绪总是由某种刺激引起的。外界刺激进入我们的大脑，大脑进行加工之后产生的对外界刺激的主观体验即情绪。自然环境、社会环境以及人自身都有可能成为情绪刺激源。同样的刺激会引起不同的情绪反应。比如同样考 60 分，有的同学高兴于及格万岁，有的同学悲伤于发挥失常。不同的刺激会引起相同的反应。比如我们伤心的原因可能是失去亲人或朋友，也可能是考试失败或竞选失利。因此虽然情绪由刺激引发，但却不是又是由刺激决定，决定情绪的关键是人大脑的加工，具体来说是人大脑产生的需要和愿望。当客观刺激满足个体需要，就会产生肯定的态度,进而产生积极的情绪体验,比如诗人们会感受到的"读书不觉已春深"的快乐以及"酒逢知己千杯少"的痛快。当客观刺激不能满足个体需要,就会产生否定的态度,进而产生消极的体验,比如失去亲人,我们会感到悲痛;在公共场合无端遭到攻击,我们会愤怒。因此,情绪的完整定义是个体对客观刺激是否满足自己的需要而产生的一种自然的状态反应,包括主观体验、生理唤醒和行为反应三个层面。情绪最能表达人的内心需要,它是人的心理状态的晴雨表。

二、情绪的类别

关于情绪的类别,长期以来说法不一。我国古代《礼记》一书中就有把情绪分为喜、怒、忧、思、悲、恐、惊的"七情"说。现代美国心理学家普拉切克提出了八种基本情绪:悲痛、恐惧、惊奇、接受、狂喜、狂怒、警惕、憎恨。心理学家伊扎德通过因素分析的方法提出人类的基本情绪有 11 种,即兴趣、惊奇、痛苦、厌恶、愉快、愤怒、恐惧、悲伤、害羞、轻蔑和自罪感等。经过多年研究提出,科学家们从不同文化的面部表情的共通性推断出人类共有六种基本情绪:快乐、悲伤、恐惧、愤怒、惊讶和厌恶,这六种情绪可以通过特定的面部表情进行识别,且不论语言或文化上的差异。而最近,英国格拉斯哥大学的研究人员对这一观点提出了挑战,他们发表在《当代生物学》杂志上的研究认为,人类的基本情绪只有快乐、悲伤、恐惧和愤怒四种,也就是我们所熟知的"喜怒哀惧"。人类的高级情感都是在这四种最基本的情绪之上派生出来并组成复合的形式。

(一) 四种基本情绪

1. 喜悦

又称快乐,指盼望的目标达到和需要得到满足之后,随之而来的紧张感解除时的情绪体验。按程度可细分为:满意、愉快、欢快、狂喜等。

传递信号:满足。

生理反应:心脏跳动更均匀有力、肺活量增加、肠胃平滑肌蠕动加快,呼吸、消化、循环系统都得到很好开发。在快乐的时候,人的大脑中会分泌一种叫作内啡肽的物质,使人感到愉悦和满足。

行为反应:不由自主地笑、手舞足蹈。

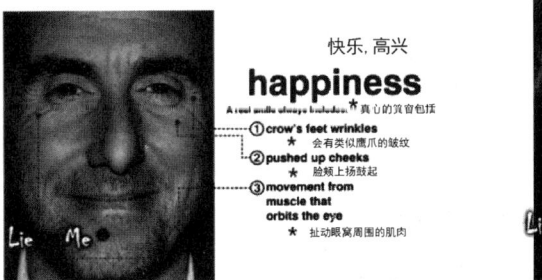
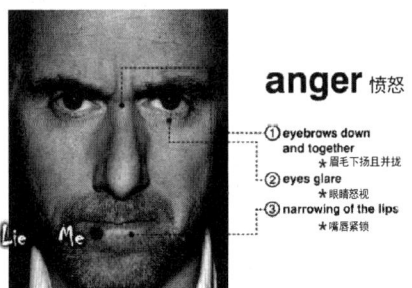

2. 愤怒

愤怒是由于事物或对象再三妨碍和干扰,使个人的愿望不能达到或产生与愿望相违背的情景时,紧张感逐渐积累而产生的情绪体验。愤怒可细分为:不满意、生气、愠、怒、忿、激愤、狂怒等。

传递信号：排斥、改变。

生理反应：血压升高、心跳加快、呼吸急促、肌肉紧张麻木，体温变化，愤怒会对身体造成危害。生气时心理反应强烈，内分泌活动复杂，且具有毒性。长期易怒的人易患心血管疾病，更容易早逝。

行为反应：握拳、磨牙、脸红或苍白、战斗或逃跑。

3. 悲伤

悲伤是指所热爱对象的遗失、破裂以及与所盼望东西的消失相联系的情绪体验。悲哀可以细分为：遗憾、失望、难过、悲伤、极度悲痛。

传递信号：丧失，反思。

生理反应：身体出现一系列不适症状，胃痛、心悸、呼吸不畅等。长期的悲伤还可能会导致极度忧愁、反应迟缓、情感麻木、悲观悔恨等现象。

行为反应：哭泣、流泪、长吁短叹、话语减少、食欲不振。

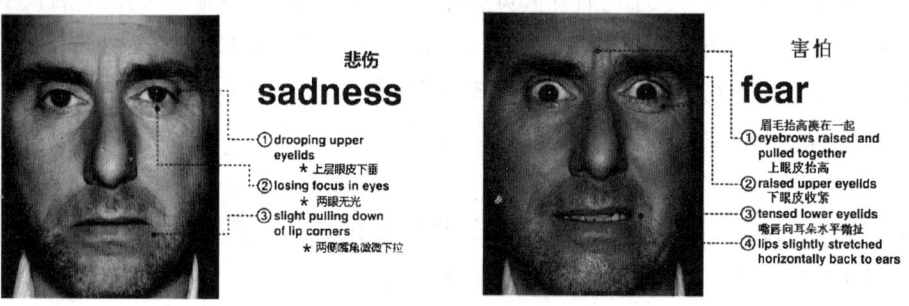

4. 恐惧

恐惧往往是由于缺乏准备，不能处理、驾驭或不能摆脱某种可怕或危险情景时所表现的情绪体验。恐惧可细分为：害怕、惊慌、惊恐万状等。

传递信号：危险。

生理反应：自主神经功能改变，出现心跳加快、血压升高和出汗等。神经内分泌改变，肾上腺素分泌增加。

行为反应：会选择战斗或逃跑。

【知识卡片】 详解恐惧症

一般恐惧症包括社交恐惧症、广场恐惧症、幽闭空间恐惧症、密集恐惧症等等。恐惧症的患者几大标志：（1）所害怕的特定事物或处境是外在的，尽管当时并无危险，患者仍有显著的植物神经症状。（2）当事人极力回避所害怕的处境，恐惧反应与引起恐惧的对象极不相称。（3）他本人也知道害怕是过分的、不应该的或不合理的，但并不能防止恐怖发作。恐惧症多发生在回避型人格障碍者身上，这种人格障碍表现为缺乏自信，敏感。大多数具有孤僻、内向、自尊、羞怯等性格特征。

（二）情绪的三种状态

人的一切心理活动都带有情绪色彩,情绪的表现形式是多种多样的,根据情绪的强度和持续状况,心理学家还把情绪分为心境、激情和应激三类。

1. 心境

心境是一种比较微弱而又深入持久的情绪状态,具有弥漫性的特点。它不强烈,没有明显的生理和外部行为的过激反应,因此往往容易被人忽视,但是它在发生的全部时间以内,影响着人的整个行为表现,好像周围的一切都感染上当时的情绪色彩。积极的、良好的心境使人精神振奋,乐观对待困难和挫折;消极的、不良的心境使人精神萎靡,意志消沉。因此,大学生努力使自己保持积极的心境,克服消极的心境,对于提高生活的质量是很重要的。

2. 激情

激情是一种短暂、强烈、爆发式的情绪状态,它的发生常常具有明显的、突出的原因和指向性。如重大成功后的惊喜、惨遭失败后的绝望等等。人处于激情状态时有明显的生理和外部行为变化,往往出现意识"狭窄"现象,认识活动的范围缩小,理智分析能力受到限制,自我控制能力减弱,不能正确评价自己的行为。但激情并不总是消极的,竞赛中的激情的鼓舞作用,可以增强我们耐力和魄力;爱情中激情的催化作用,可以激发我们的活力和动力,为我们的生活增添了鲜明生动的色彩。

3. 应激

应激是由于出乎意料的紧张或危急情景所引起情绪状态,即当人处于巨大压力或威胁的状况下,而又要迅速做出重大决定时所产生的一种适应性反应。大学生在日常生活学习中也会遇到一些重大的事故变化(如受辱、失窃、亲友猝死等),产生应激变化是很自然的,但要积极的做出调整,及时排解,不要使这种应激状态持续加深,从而造成身心的伤害。

三、情绪的影响

（一）情绪对健康的影响

【知识卡片】 爱尔马的实验

美国生理学家爱尔马为了研究心理状态对人体健康的影响,曾进行过一项实验。实验的结果表明:当一个人心平气和时,他呼出的气变成水后是澄清透明、无杂无色的;而悲恸时,水中有白色沉淀;悔恨时,有蛋白色沉淀;生气时,有紫色沉淀。随后,爱尔马将人在生气时呼出的"生气水"注射到大白鼠身上,几分钟后,大白鼠竟然死了。据此分析,爱尔马意识到:人生气时会分泌出毒素。据说生气 10 分钟所消耗的人体精力,相当于一次 3 000 米的赛跑。

在日常生活中,人们常有这样的体验:高兴时,神清气爽;悲伤时,食欲不振;忧虑时,辗转难眠;惊慌时,心脏乱跳;愤怒时,热血冲头……这些都说明了情绪会对身体的内部功能产生影响。积极的情绪可以提高人的免疫能力。"笑一笑,十年少;愁一愁,白了头。"积极的情绪可以提高人的免疫能力,消极的情绪则直接影响人的身体健康。古代就有"怒伤肝、喜伤心、思伤脾、忧伤肺、恐伤肾"之说,这生动地说明了情绪对身心可能产生的负面影响。

(二) 情绪对认知的影响

心理学的研究表明,青少年的情绪同其智力活动呈正相关。情绪乐观的人,智力发挥处于最佳状态,积极的情绪会激发人们学习办事的动机和热情,提高效率;情绪低沉,心情忧郁,影响正常水平的发挥,如不喜欢某教师或某学科通常会影响我们听课效果等。

【启迪故事】

有一天,德国化学家奥斯特瓦尔德,由于牙病疼痛难忍,情绪很坏。他拿起一位不知名的青年寄来的稿件粗粗看了一下,觉得满纸都是奇谈怪论,顺手就将其丢进了纸篓。

几天以后,他的牙痛好了,心情也好多了,而那篇论文中的一些奇谈怪论又在他的脑子中闪现。于是,他急忙从纸篓里把它捡出来重读一遍,结果发现这篇论文很有科学价值,他马上给一份科学杂志写信,加以推荐。这篇论文发表后轰动了学术界,该论文的作者后来获得了诺贝尔奖。

(三) 情绪对人际互动的影响

人际关系取决于一个人情绪表达是否恰当。当我们情绪处于较为恶劣的情况下,通常对于情绪的表达会失去理智,而把糟糕情绪毫无保留地发泄在周围的人身上,这可能会造成心理上的伤害,进而使得和谐关系无形中也被破坏了,就好像是被打破的杯子一般,就算接合后也会有裂缝。倘若我们常在他人面前任由负面情绪决堤,乱发脾气,丝毫不加控制,久而久之,别人就会视我们为难以相处之人,甚至不再与我们往来。

【启迪故事】——钉子

有一个男孩有着很坏的脾气,于是他的父亲就给了他一袋钉子,并且告诉他,每当他发脾气的时候就钉一根钉子在后院的围墙上。第一天,这个男孩钉下了 37 根钉子。慢慢地每天钉下的数量减少了。他发现控制自己的脾气要比钉下那些钉子来得容易些。终于有一天这个男孩再也不会失去耐性乱发脾气,他告诉他的父亲这件事,父亲告诉他,现在开始每当他能控制自己的脾气的时候,就拔出一根钉子。

一天天地过去了,最后男孩告诉他的父亲,他终于把所有钉子都拔出来了。父亲握着他的手来到后院说:你做得很好,我的好孩子。但是看看那些围墙上的洞,这些围墙将永远不能回复成从前。你生气的时候说的话将像这些钉子一样留下疤痕。如果你拿刀子捅别人一刀,不管你说了多少次对不起,那个伤口将永远存在。话语的伤痛就像真实的伤痛一样令人无法承受。

四、正确认识情绪

(一) 情绪是客观存在的

正常的人类都有情绪,它是与生俱来,不可以分割的一部分,人的各种情绪是客观存在的,而且情绪是我们内在需要的反应。科学研究还表明，情绪的源起与我们的潜意识和BVR(信念、价值、规条)有着直接的关联，它最能体现我们真正的感觉。而需要引起我们的动机，个体的情绪表现还常被视为动机的重要指标。当我们的理智拿不定主意时，在一定程度上可以依赖情绪做出判断。并且情绪能够以一种与生理性动机或社会性动机相同的方式激发和引导行为。有时我们会努力去做某件事，只因为这件事能够给我们带来愉快与喜悦。

(二) 情绪从来不是问题

如果你去看医生，医生说你额头烫，所以需要手术切割额头，你是不是觉得很荒唐？情绪也是一样，情绪是与生俱来的生理反应，只是症状而已，可是大部分人把情绪当作问题本身。情绪只是告诉我们，人生里有些事情出现了，需要我们的处理。因此甚至可以说，情绪是有机体适应生存和发展的一种重要方式。如同动物遇到危险时产生怕的呼救就是动物求生的一种手段，情绪也是人类早期赖以生存的手段。婴儿出生时，还不具备独立的生存能力和言语交际能力，这时主要依赖情绪来传递信息，与成人进行交流，得到成人的抚养。成人也正是通过婴儿的情绪反应，及时为婴儿提供各种生活条件。

(三) 情绪没有好坏之分

虽然有正面情绪和负面情绪之分，但不是正面情绪就是好情绪，负面情绪就是坏情绪。范进中举就是典型的正面情绪过剩导致乐极生悲。而我们的消极情绪，例如，恐惧使人脱离险境，羞耻可使人避免违背社会规范的行为；痛苦、悲伤等情绪，也同样具有能使人感受到自己的心理伤害，促使人们及时调整自己的积极功能。所以情绪本身没有好坏，它只是传递一种信息。所有情绪体验都能增加生命的丰富性，都有其意义和价值，它不是指引我们一个方向，便是给我们一份力量，甚至两者兼有。如果我们没有不甘心被别人小看了的情感体验，我们可能就不会发奋，就如同如果没有痛，我们就不会把手从火炉上抽回。情绪让我们在事情中该有所学习有所收获。

(四) 情绪应该为我们服务

许多人至今仍对情绪的重要性认识不足，而把情绪活动紧紧看作是内外部条件所引起的感情变化，是一种无关紧要的、暂时的精神状态，任其自然，很少进行有意识的控制与调节。然而，人是感情动物，人的思维、行为常受感情的牵引。因此，如果不能正确认识到自己的情绪，并对情绪进行疏导、调节与控制，往往会产生难以预料或不可挽回的恶劣后果。因此，管理情绪是一件非常重要的事情，我们要学会让情绪为我们服务，做情绪的主人。

第二节　大学生的情绪健康

一、大学生情绪发展的特点

(一) 情绪体验丰富多彩

大学时期，是一个人的社会化进程急剧加快的时期，面临人生的多种选择，学习、交友、恋爱、就业等人生大事基本在这一阶段完成。处于青年中期的大学生，身心发展已经成熟或接近成熟，能独立地处理个人的生活和周围的事物。从自我意识的发展来看，大学生表现出较多的自我体验,自我尊重的需要强烈,易产生自卑、自负等情绪体验;从社交方面来看,大学生的交际范围日益扩大,与同学、朋友及师长之间的交往更细腻、更复杂,这时有的大学生开始体验一种更突出的情感——恋爱,而恋爱活动往往又伴随着深刻的情绪体验,这些特殊的体验对大学生有十分重要的影响。总体上,大学生的情绪呈现出相当丰富多彩的特征,精力充沛,思想敏锐,敢想、敢说、敢为,富有激情和创造性,情绪情感日益丰富。

(二)情绪波动起伏不稳定

心理学家霍尔认为青年期处于从"蒙昧时代"向"文明时代"演化的过渡期,其特点是动摇、起伏,他把这一时期称为"狂风暴雨"时期。大学生的心理发展正从不成熟向成熟过渡,此时家庭、学校、生活事件等都会对大学生的情绪产生影响,易产生各种内心矛盾并不断发生冲突,如独立与依赖、自尊和自卑、理想与现实等矛盾和冲突,这些矛盾与冲突常会打破大学生的心理平衡状态,引起情绪的波动起伏,这时大学生的情绪犹如疾风怒涛,表现出多变、不稳定的特点。由于大学生的人生观、价值观还未完全定型,认知能力有待提高,大学生的情绪活动往往强烈而不能持久,情绪活动也容易随着认知标准的改变而改变。

(三)情绪体验强烈易冲动

"热血青年"、"血气方刚"、"初生牛犊不畏虎"等成语,所描述的正是大学生情绪体验强烈、易冲动的特点。大学生对某种具体的体验特别强烈,"喜怒形于色",常因一点小事而振奋精神、豪情万丈、富于激情。他们往往对符合自己信念、观点和理想的事件或行为迅速发生热烈的情绪;对于不符合自己信念、观点和理想的事件或行为,则迅速出现否定情绪。有时甚至会盲目地狂热,而一旦遇到挫折或失败又会灰心丧气,情绪来得快,平息也快。由于大学生兴趣广泛,对新事物比较敏感,精力旺盛,虽然具有一定的理智和自我控制能力,但在外界刺激下很容易冲动,感情用事,易表现出强烈的情绪体验。

(四)情绪表现外显内隐并存

大学生对外界刺激反应迅速、敏感,喜、怒、哀、惧等表现充分而又具体,喜形于色,由情绪引起的内心变化与外部表现是一致的,具有外显性特点。一般而言,大学生的很多情绪是一眼就能看出的,如考试第一名或赢得一场球赛,便喜形于色。然而随着大学生社会化的逐渐完成与心理逐渐成熟,他们的外部表情与内部体验开始具有不一致性,他们能够根据特有条件、规范或目标来表达自己的情绪。他们有时会有意识地掩饰自己内心的真实感受,如对于一些事物的看法、内心存在的秘密,是说还是不说,是多说还是少说,都会依时间、地点、条件为转移。尤其是在对异性的态度上,明明喜欢某个人,但却有意无意地表现出不关心和冷漠,甚至贬低他人。

二、情绪健康的标准

情绪健康是心理健康的一项重要指标。美国心理学家赫洛克(F. Hurlock)提出健康情绪的四条标准:一是能够保持健康,自己能控制因身体疲劳、睡眠不足、头痛、消化不良、疾病等引起的情绪不稳定;二是能够控制环境,不是想干就干,而是先预料后果,再采取行动;三是能使情绪的紧张消解到无害方面,不是压抑情绪,而是将情绪转变,升华到社会性的高度;四是能够洞察、理解社会。日本心理学家关中文在其《青年心理学》一书中提出了健康情绪的两个标志：一是在客观评价自己的基础上能够控制一时的情绪的欲求，以及不满情绪；二是能够设计现实的生活。他还提出了达到健康情绪的办法是在现实生活中注意自己的情绪，深入了解自己，调整情绪，珍惜现在时光，重视现在自己内心深处的东西，面对现实生活而不逃避等。一般来说，情绪的目的性恰当，反应适度，正性作用强是健康情绪的总的标准。具体来说有以下几个方面：

（一）情绪一致性

一致性是指情绪反应与刺激保持一致。欢乐的情绪是由可喜的现象引起的，悲哀的情绪是由不愉快事件或不幸的事情引起的，愤怒是由于挫折所引起。一定的事物引起相对应的情绪，情绪反应的强度与引起这种情境相符合，是情绪健康的标志之一。在一般情况下，当引起情绪的刺激消失之后，其情绪反应也应逐渐消失。例如，孩子偶尔不慎摔碎了一个碗，当母亲的可能当时不高兴，事情过后，也就不生气了。如果几天都生气，甚至长期生气，即反复出现某种情绪或发生情绪"固着"，则是不健康的。

（二）情绪稳定

健康的情绪还要有一定的稳定性。情绪稳定表明个人的中枢神经系统活动处于相对的平衡状况，反映了中枢神经系统活动的协调。一个人情绪经常很不稳定，变化莫测，是情绪不健康的表现。

（三）心情愉快

积极、正面的情绪占情绪状态的主导地位是情绪健康的另一个重要标志。愉快的心境表示人的身心活动的和谐与满意。愉快表示一个人的身心处于积极健康的状态。一个人经常情绪低落，总是愁眉苦脸，心情苦闷，则可能是心理不健康的表现。一个人在生活的道路上难免遭遇挫折或不幸，例如亲友的病故产生情绪悲哀，这都然是正常的情绪反应。

（四）情绪可管理

一个人的情绪可以被管理，善于控制与调节自己的情绪说明他的情绪相对健康。一方面，既能克制又能合理宣泄自己的情绪，情绪的表达既符合社会的要求又符合自身的需要，在不同的时间和场合有恰如其分的情绪表达。另一方面，当有消极情绪后能主动把消极情绪转化为积极情绪，保持良好心态，充满热情地工作、学习和生活。这也是健康情绪的重要体现。

三、关注情绪健康

（一）使用"情绪温度计"，认识自身情绪

当我们感冒发烧时，我们会用"体温计"测量自己的体温以此来检验自己的身体状况是否正常，是否需要就医。而在面对情绪问题，我们常常不能自觉，以至于小病成灾，酿成抑郁症等心理障碍。因此生活中，我们可以利用"情绪温度计"来觉察自己的情绪是否正常，是否需要干预调整。情绪温度计就是根据自己的情绪变化大小来记录得分，当我们平时养成记录情绪的习惯，每天分几个时段记录，并写下情绪波动的原因，这种训练有助于自我察觉、检测情绪变

化。具体步骤如下：

（1）将"情绪温度计"的刻度设定在0—10分，将一天分为3个段落，每天吃完饭进行标示。

例如，一早起床晚，迟到了，进教室就被老师逮个正着，只能给自己2分。

（2）一次可以用三个"情绪温度计"，因为我们同时有几种情绪交织，选出当下最主要的三种情绪。

（3）了解自己一天情绪的起伏变化后，接着去问原因，并认真地记录下来。为什么给8分？喔，原来在下午5点，跟要好的哥们打篮球，自己发挥出色，感觉愉悦。

（4）定期总结，在生活中建立自己的"情绪温度计"，更能掌握常生气的时段和原因。一旦接近情绪高温期，可以赶紧做准备，远离人多的地方，免得人群被无名火"烫伤"。

（二）与情绪对话，接纳自己的情绪

生活中我们会遇到各种各样的负性事件，也许我们不能控制引起经验某种情绪的负性事件，但是我们却能控制这些负性事件对我们产生的影响，尝试做情绪的主人，其中接纳自己的情绪是很重要的一步。学会接纳自己的情绪，与情绪同行，就是学着体验、接受、感觉、表达和完善自己的情绪。当情绪过激时，学着去接纳而非控制，去引导而非压抑，否则情绪积累到一定时候就会以破坏性方式爆发，严重的还会导致心理疾病。一般来说，人的各种情绪的发生发展，都要经历发生、发展、高涨、下降和结束这么五个阶段。所以说，任何情绪的变化都要经历这么几个过程。那么当你处在愤怒的状态下，你觉得自己快要疯掉了的时候，你要告诫自己："没关系，它就像潮水涨潮一样，有涨潮的时候也有落潮的时候，我可能坚持一下，我愤怒的情绪就会一点点消退"。

【知识卡片】 在生活中观察自己——摘自《遇见未知的自己》

1. 当有负面情绪时（生气、悲伤、郁闷、烦躁、嫉妒等不舒服的感受），你要能够觉察到，然后告诉自己："哦！此刻我有负面情绪了。"这时候最重要的就是把注意力放在自己内在，而不是放在那个引起你负面情绪的人事物上。

2. 先观察一下你自己此刻的肢体动作是什么。把注意力放在自己的身体上面，可以让你不至于完全陷入自己的情绪冲击当中。

3. 接下来试着去看见你在想什么，就是去观察自己的思想。如果你能够倾听到那个"脑袋中喋喋不休的声音"，你就是在观察你的思想。听到了之后，请你带着觉知和爱去关照它。它只是一个思想，不代表你，不要去与它认同，不要批判它，只是看着它。

4. 你此刻有什么情绪？如何观察情绪？有些人连自己生气了都不知道。其实观察情绪最简单的方法就是去观察你的身体，因为情绪其实就是身体对你思想的一个反应，只不过有的时候你还没觉察到思想，情绪就起来了。感觉你的身体哪里紧绷？胃部是否有不舒服的感觉？心中央是否紧绷或抽痛？身体是否颤抖？这些都是情绪在你身上作用的结果。观察它、关照它、允许它的存在，全然地去经历它，不要抗拒。你会发现，你的全然接纳和全然经历，会让它更快消失，甚至转化为喜悦。

第三节　大学生积极情绪的养成

一、认清情绪，学会表达

【互动游戏】——快乐藤

活动规则：两两一组，面对面，伸出双手，左手手掌展开，右手伸出食指，指向搭档展开的手掌心，保持这个姿势不动。在诗歌《快乐藤》朗读中，当听到"快乐"这两个字的时候，要立刻去抓搭档的食指，同时尽量不要让你的搭档抓到你的食指。

《快乐藤》

雨中山色尽显空濛／秋叶将落／谁踏遍这山的角落／皎白月光下／孤影独自愁／我踏遍千山万水／去寻一根快乐藤／却无从让它生根／手中紧握快乐藤／心里祈祷见光明／喔，我的快乐藤！

风中湖面涟漪渐起／秋叶已落／谁深入这水的角落／连片浮萍边／孤影独自愁／我踏遍千山万水／去寻一根快乐藤／恍悟心是它的根／手中紧握快乐藤／扎根轻抚我心灵／喔，我的快乐藤！

情商(EQ，emotional quotient)这个概念由美国的心理学家沙洛维和梅耶尔在 20 世纪 90 年代首次提出。情商就是指一个人在情绪方面的管理能力，是指个人对自己情绪的把握和控制，对他人情绪的揣摩和驾驭，以及对人生的乐观程度和面临挫折的承受能力等。在一个人成功的要素中，情绪智力占了极大的比重。沙洛维和梅耶尔认为，在一个人成功的要素中，智力因素仅占 20%，其中主要是情绪智力，则占 80%。情绪智力，它具体包括以下五种能力：(1) 清楚地认识自己的情绪；(2) 妥善地管理自己的情绪；(3) 激发自己的正面情绪；(4) 认识他人的情绪；(5) 安抚他人的情绪。在竞争如此激烈的现代社会，高情商是一个人取得成功的必不可少的素质。

（一）情绪的表达

情绪表达包括语言的和非语言的方式，其中表情即情绪的外部表现，它是一种独特的情绪语言。主要包括面部表情、姿势表情和语调表情三种方式。

（1）面部表情

人的面部表情最为丰富，它是通过眼部肌肉、颜面肌肉和口部肌肉来表现人的各种情绪状态。人的眼睛是最善于传情的，不同的眼神可以表达人的各种不同的情绪和情感。例如，高兴和兴奋时"眉开眼笑"，气愤时"怒目而视"，恐惧时"目瞪口呆"，悲伤时"两眼无光"，惊奇时"双目凝视"等等。眼睛不仅能传达感情，而且可以交流思想。人们之间往往有许多事情只能意会，不能或不便言传，在这种情况下，通过观察人的眼神可以了解他的内心思想和愿望，推知他们的态度：赞成还是反对、接受还是拒绝、喜欢还是不喜欢、真诚还是虚假等。可见，眼神是一种十分重要的非言语交往手段。口部肌肉的变化也是表现情绪和情感的重要线索。例如，憎恨时"咬牙切齿"，紧张时"张口结舌"等，都是通过口部肌肉展现人物的精神风貌。艾克曼的实验证明，人脸的不同部位具有不同的表情作用。例如，眼睛对表达忧伤最重要，口部对表达快乐与厌恶最重要，而前额能提供惊奇的信号，眼睛、嘴和前额等对表达愤怒情绪很重要。

（2）姿势表情

通过四肢与躯体的变化来表现人的各种情绪状态，可分为身体表情和手势表情。在不同的情绪状态下，身体姿态会发生不同的变化，如高兴时"捧腹大笑"，恐惧时"紧缩双肩"，紧张时"坐立不安"等等。手势常常是表达情绪的一种重要形式，手势通常和语言一起使用。

心理学家的研究表明，手势表情是通过学习得来的。它不仅存在个别差异，而且存在民族或团体差异。后者表现了社会文化和传统习惯的影响。同一种手势在不同的民族中用来表达的情绪也不同。

（3）语调表情

语调表情是指通过音调、音速、音响的变化来表现各种情绪状态。如高兴时语调激昂，节奏轻快；悲哀时语调低沉，节奏缓慢，声音断续且高低差别很少；愤怒时语言生硬，态度凶狠。据说美国一位女演员用悲调念26个英语字母，竟使听众落泪，而一个波兰喜剧演员用另一种语调念同样的26个字母，却把听众引得哄堂大笑。

1.好奇　　2.疑惑　　3.不感兴趣　　4.拒绝　　5.观察　　6.自我满足　　7.欢迎

8.果断　　9.隐秘　　10.探究　　11.专注　　12.暴怒　　13.激动

14.舒展　　15.奇怪　　16.鬼鬼祟祟　　17.羞怯　　18.思索　　19.做作
　　　　　支配怀疑

（二）恰当地表达情绪

情绪需要释放，因此我们强调"表达情绪"而不是"发泄情绪"，就是不希望给情绪的抒发扣上负面的帽子，"发泄情绪"则带有任性的意味，而"表达情绪"主要目的是希望别人了解我们正处在某种不愉快的情绪中，期待别人的支持与体谅，让你的情绪水位在未达到一定峰值的时候适当泄洪，以保障大堤不致溃败。

而如何恰当表达情绪？这是一个人人都会遇到的困惑，工作中上司突然安排了一件并不归属你职责范围的事务给你，这时候你心里很可能不乐意，倘若你选择表达你的情绪，就要注意技巧,与上司直截了当地对着干显然不是好办法,你应该怎么办?

有两个建议,一是当你处于极端情绪状态的时候,为避免说出日后可能会后悔的话,请暂停情绪的表达;二是要注意表达的技巧,即表达情绪要注意天时、地利与人和。具体来说天时即选择恰当的时机,表达时间要遵循就近原则,不要往事重提,并且尽量选择在那些彼此都能够专注、相互没有压力和疲倦的状态下表达。地利指的是选择合适的场合,最好是在人少、安静的环境下表达。最后人和即选择好合适的倾诉、表达的对象,如果能找当事人表达得清楚就找当事人。如果当事人不合适,就要找能够替你保守秘密,比较能够理解你的人来倾听。

表达情绪中一个关键的关键,就是自己先承担责任。所谓表达,必然涉及说者和听者,表达是为了让表达者本身达到一个"身心合一"的情绪状态,而不是表达出自己的情绪后让别人受伤害,我们日常生活当中因为不恰当地表达情绪而导致两败俱伤的例子比比皆是,所以我们要强调要应用"我信息"的表达。"我信息"的表达可以简单地以下列的公式来说明:"当……时候(陈述引发我们情绪的事情或对方的言行),我觉得……(陈述我们的感受),因为……(陈述我们的理由)。"使用"我信息"是强调对对方行为、语言本身的感受,而非对其个人的感受,也就是"对事不对人",能够让我们的内心感受找到出口,也能让对方可以多了解我们。例如,"当你告诉我你不能和我一起去看电影的时候,我觉得蛮失望的,因为我好期待可以有多一点时间和你相处。"这是一个简单的公式而已,也可以用其他的方式加以改变,如:"你不能和我去看电影,我觉得好失望,因为我期待可以多一些和你相处的机会。""我好希望能和你一起去看电影,现在却不能去,我真的蛮失望的。""不能一起去看电影,我觉得好失望,我很期待能和你多一些机会在一起。""我信息"是冷静地将感受说出来,直接向对方表达情绪,而不是发脾气,合理又有效。

最后,我们也要学会尊重他人的情绪表达,要让对方完整地将情绪表达出来,切不可不待对方说完便给予否定,要知道,被长时间压抑的情绪迟早会如火山喷发般爆发出来,那样的话局面恐怕更加不可收拾。

二、出谋划策,调节不良情绪

(一) 不同的宣泄法,化解不良情绪

人不可能永远处在好情绪中,生活中难免有挫折、有烦恼、有负面情绪。情绪如同潮水奔涌而来时,第一时间要做的是泄洪,把情绪宣泄了才能进一步控制情绪。我们常用的情绪宣泄方法有以下几种值得推荐。

1. 哭

哭后顿觉心里畅快,有"如释重负"之感。特别是痛哭一场,这种心理效应会更明显。从生理上讲,哭可以改善呼吸和循环,伴随全身肌肉的颤抖,大哭之后,机体可获得一种快感,特别是心胸憋闷、不适等症状会随着哭的宣泄而缓解。哭的同时伴有流泪,流泪可以促使应激状态下的机体产生一些化学物质,这些化学物质产生,利于体内化学物质的平衡,也利于健康。

2. 倾诉

不知道大家有没有这样的经历,心情不好跟亲朋好友发发牢骚,抱怨一通,感受下来自亲

朋好友的支持,自己的情绪就会得到较好地缓解?当遇到不顺心和烦恼的事后,不可把痛苦埋藏在心底,而是将这些烦恼倾诉给自己所信赖的人、头脑冷静的人,包括父母、亲人、挚友、老师、同学等等。就像英国哲学家培根所言:"把快乐告诉一个朋友,将得到两个快乐;把忧愁向一个朋友述说,则只剩下半个忧愁。"

3. 喊叫

当激情难以控制,不能冷静宣泄时,可采取无损于他人的不太文雅的宣泄方法,发脾气就是其中的一种。实在不会发脾气时,自喊自叫几声也无妨,这样也能起到宣泄作用,自己也会感到舒畅一些。

4. 运动

运动心理学家主张,不要等到出现了沮丧情绪时才去运动,最好是平常也进行运动健身,以促进人体内荷尔蒙分泌量的增加。因此,建议人们加强健身锻炼,最好养成天天锻炼的好习惯。如果不能坚持天天锻炼,每周至少也应锻炼 3 次,每次不少于半小时。这样,就能够增加快乐体验。

【知识卡片】

当感到心情低落、沮丧、精神不振时,要选择去做运动,加速身体的新陈代谢,促进身体快乐放松激素的分泌。研究发现:一组抑郁症患者服药四个月,另一组每周运动三次,每次 45 分钟,连续四个月结果都有明显改善。六个月后,运动的一组效果更好。弗吉尼亚大学心理治疗教授布朗博士研究了 101 位沮丧的学生,将他们分为运动组和不运动组。布朗博士发现:两周慢跑五天,十周就能明显地降低沮丧分值。而一周跑三天的人,亦有同样的成绩,但在这期间不运动的人,却没有任何改变。

5. 想象宣泄

想象是万能的,不管你在日常生活遇到什么样的事情,只要你一闭上眼睛,最困难的事也能解决,最难的愿望也能实现。因此,我们在不宜直接发泄情绪的时候,我们可以在脑中想象发泄的场景,甚至是拿个替代物通过针对替代物的宣泄行为来完成情绪的宣泄。虽然想象是一种"精神胜利法",是一种"阿Q"精神,但它确实能使你暂时地轻松、愉快一下,这就能起到宣泄的作用。当然像阿Q那样整天沉浸在想象中而脱离现实也是心理不健康的表现。但暂时地"过一把瘾"却是调节心理,疏导压力的好方法。

(二)转移注意力,暂时置身事外

把注意力从引起不良情绪反应的刺激情境中,转移到其他事物上去或去从事其他活动是自我调节情绪的好方法。人的情绪容易受到外在的事物与场景的影响,所以,外在的事物和场景发生改变,情绪也会随之改变。当我们觉察到自己的情绪不佳时,我们可以选择自己喜欢的事情来做,或者做一些能让自己专心投入的事情来分散注意力,将不愉快的心情暂时忘记。感觉是随行为而动的,当事情做完时,我们甚至可以发现,原来造成我们心情不好的原因已经消失了。因此,当我们情绪不佳时,要把注意力放在自己感兴趣的事情上,例如看喜欢的书,和朋友玩、旅游、听音乐、看电影、睡觉等等。

(三) 行为改变心理,"装"出好情绪

【互动游戏】——照镜子

活动规则:(1)学生两人一组,甲学生做出各种愉快的表情,乙学生作为镜子模仿甲的各种表情。时间为2分钟左右。(2)双方互换角色。

活动分享:

(1)看到"镜子"的表情,你有什么感受?

(2)情绪可传染吗?

(3)在努力做各种愉快表情时,你的情绪有变化吗?

利用有意识的动作来改变我们的心情,这也是帮助我们度过情绪低落时刻的有效方法。在心理学上有个术语叫"假喜真干",就是假装自己喜欢,并且付出实际行动,也许久而久之就假戏真做了。美国心理学家艾克曼的最新实验表明,一个人如果总是想象自己进入某种情境、感受某种情绪,那么这种情绪十之八九会真的到来。一个故意装作愤怒的实验者,由于"角色"的影响,他的脉搏会加快,体温会上升。因此,每天早上起床后我们对着镜子笑一笑,告诉自己"今天会有个好心情",往往会为你带来一天的好心情。即使没有镜子的时候,也可利用镜子技巧,使自己脸上露出很开心的笑容,挺起胸膛,深吸一口气,然后唱一段歌曲,或吹一小段口哨,模仿自己快乐心情下的表现,在不知不觉中也能重新获得好心情。

【启迪故事】

有一天友人弗雷德感到意志消沉。通常他应付情绪低落的办法是避不见人,直到这种心情消散为止。但这天他要和上司举行重要会议,所以决定装出一副快乐的表情。他在会议上笑容可掬、谈笑风生,装成心情愉快而又和蔼可亲的样子。令他惊奇的是:他不久就发现自己不再抑郁不振了。弗雷德并不知道,他无意中采用了心理学研究方面的一项重要新原理:装作有某种心情,往往能帮助我们真的获得这种感受——在困境中较有自信心,在事情不如意时较为快乐。

据美国芝加哥《医学生活周报》报道,美国一些大型医院和心理诊所已经开始雇用"幽默护士"。她们陪同重病患者看幽默漫画并谈笑风生,以此作为心理治疗的方法之一。幽默与笑声,帮助不少重病患者或情绪障碍者解除了烦恼与痛苦。

(四) 从身体开始,让你的情绪放松

绷得太紧的琴弦容易断掉,发条上得太紧的表容易受损,而长期处于焦虑紧张、抑郁难过等不良情绪状态的人也会容易患病。而当人的身体处于一种放松的状态,其精神或心情也能相应得到放松。因此利用生理和心理之间的相互影响,从身体放松开始,也能让我们的情绪恢复。心理学会通过专业的指导来帮助人们放松,其中包括呼吸放松、肌肉渐进放松、想象放松

等方法。在生活中,我们还可以利用打盹、伸展运动、按摩、深呼吸、瑜伽等方式通过身体上的放松达到情绪的缓解。

三、改变思维,唤起正面情绪

(一) 情绪 ABC 理论

小案例

有一个年轻人失恋了,一直摆脱不了事实的打击,情绪低落,已经影响到了他的正常生活,他没办法集中精力专心工作,头脑中想到的就是前女友的薄情寡义。他认为自己在感情上付出了,却没有收到回报,自己很傻很不幸。于是,他找到了心理咨询师。

心理咨询师告诉他,其实他的处境并没有那么糟,只是他把自己想象得太糟糕了。在给他做了放松训练,减少了他的紧张情绪之后,心理咨询师给他举了个例子:"假如有一天,你到公园的长凳上休息,把你最心爱的一本书放在长凳上,这时候走来一个人,径直走过来,坐在椅子上,把你的书压坏了。这时,你会怎么想?"

"我一定很气愤,他怎么可以这样随便损坏别人的东西呢!太没有礼貌了!"年轻人说。"那我现在告诉你,他是个盲人,你又会怎么想呢?"心理咨询师接着耐心地继续问。"哦——原来是个盲人。他肯定不知道长凳上放有东西!"年轻人摸摸头,想了一下,接着说,"谢天谢地,好在只是放了一本书,要是油漆,或是什么尖锐的东西,他就惨了!""那你还会对他愤怒吗?"心理咨询师问。"当然不会,他是不小心才压坏的嘛,盲人也很不容易的。我甚至有些同情他了。"

心理咨询师会心一笑:"同样的一件事情——他压坏了你的书,但是前后你的情绪反应却截然不同。你知道是为什么吗?""可能是因为我对事情的看法不同吧!"

对事情不同的看法,能引起自身不同的情绪。很显然,让我们难过和痛苦的,不是事件本身,而是对事情的不正确的解释和评价。这就是心理学上的情绪 ABC 理论的观点。比如,同样是失恋了,有的人放得下,认为未必不是一件好事,而有的人却伤心欲绝,认为自己今生可能都不会有爱了。因此从这个案例我们懂得同一件事情,每个人的情绪反应各不相同,是因为因其想法不同;不同的想法引出不同的情绪反应;就同一个人而言,新想法的产生,使得我们对此事件重新解释而产生不同的情绪;即使是同一个人对同一事件,只要其想法改变,其情绪反应亦会跟着改变。

情绪 ABC 理论,是美国心理学家艾伯特·埃利斯所创,该理论认为激发事件 A(activating event)只是引发情绪和行为后果 C(consequence)的间接原因,而引起 C 的直接原因则是个体对激发事件 A 的认知和评价而产生的信念 B(belief),即人的消极情绪和行为障碍结果(C),不是由于某一激发事件(A)直接引发的,而是由于经受这一事件的个体对它不正确的认知和评价所产生的错误信念(B)所直接引起。错误信念也称为不合理信念。情绪 ABC 理论就是通过纯理性分析和逻辑思辨的途径,改变求助者的不合理信念,以帮助他解决情绪和行为上的问题。改变我们的糟糕心情其中所用的重要方法是对不合理信念加以驳斥和辩论,使之转变为合理的信念,最终达到新的情绪及行为的治疗效果。这样,原来的 ABC 理论就可以进一步扩展为 A-B-C-D-E 的治愈模型,包括确定引发情绪的事件(A),自己对此事件的想法(B),这想法所引发的情绪(C),对原想法的不合理成分进行驳斥(D),建立理性的想法和适当的情绪(E)五个步骤。

(二) 不合理观念的主要特征

依据 ABC 理论,分析日常生活中的一些具体情况,我们不难发现人的不合理观念常常具有以下三个特征。

一是绝对化的要求,是指人们常常以自己的意愿为出发点,认为某事物必定发生或不发生的想法。它常常表现为将"希望","想要"等绝对化为"必须","应该"或"一定要"等。例如,"我必须成功","别人必须对我好"等等。这种绝对化的要求之所以不合理,是因为每一客观事物都有其自身的发展规律,不可能依个人的意志为转移。对于某个人来说,他不可能在每一件事上都获成功,他周围的人或事物的表现及发展也不会依他的意愿来改变。因此,当某些事物的发展与其对事物的绝对化要求相悖时,他就会感到难以接受和适应,从而极易陷入情绪困扰之中。

二是过分概括化,这是一种以偏概全的不合理思维方式的表现,它常常把"有时","某些"过分概括化为"总是","所有"等。用艾利斯的话来说,这就好像凭一本书的封面来判定它的好坏一样。它具体体现在人们对自己或他人的不合理评价上,典型特征是以某一件或某几件事来评价自身或他人的整体价值。例如,有些人遭受一些失败后,就会认为自己"一无是处、毫无价值",这种片面的自我否定往往导致自卑自弃、自罪自责等不良情绪。而这种评价一旦指向他人,就会一味地指责别人,产生怨恨、敌意等消极情绪。我们应该认识到,"金无足赤,人无完人",每个人都有犯错误的可能。

三是糟糕至极,这种观念认为如果一件不好的事情发生,那将是非常可怕和糟糕。例如,"我没考上大学,一切都完了","我没当上处长,不会有前途了。"这种想法是非理性的,因为对任何一件事情来说,都会有比之更坏的情况发生,所以没有一件事情可被定义为糟糕至极。但如果一个人坚持这种"糟糕"观时,那么当他遇到他所谓的百分之百糟糕的事时,他就会陷入不良的情绪体验之中,而一蹶不振。

因此,在日常生活和工作中,当遭遇各种失败和挫折,要想避免情绪失调,就应多检查一下自己的大脑,看是否存在一些"绝对化要求""过分概括化"和"糟糕至极"等不合理想法,如有,就要有意识地用合理观念取而代之。

(三) 学以致用

改变心情是治标,调整心态才是治本,治标和治本要同时进行,但要提醒自己只有采用治本的方法才能将情绪问题根本解决。在不利的环境中,我们不妨换一种思维方式去思考,在不利之中,找出对自己有利的一面。若总是在不利的圈子里打转,那你就看不到光明,只会忧心忡忡,自寻烦恼。而当我们找到有利的一面,想法改变了,我们的情绪自然才会相应改变。也就是人们常说,换个角度看世界,心情就会更美好。

[举例1]

事件A:要参加演讲比赛。

原想法B:"我应该要讲得很好,不可犯错,犯了错是很糟糕的事。万一讲不好被耻笑,多没面子呀。讲不好说明我是个没用的人。"

情绪C:焦虑、紧张和害怕。

驳斥原想法的不合理性D:这想法会影响我,使我不能正常地表现。即使犯了错,被耻笑,我真的受不了吗?讲错了就很没面子吗?一次演讲讲不好就说明我是个没用的人吗?这想法并不是事实,只是我自己主观的意见,不切实际地夸大了后果。这想法会使我无法达到预期目标。

驳斥后形成新的合理的想法E:虽然我不喜欢犯错,但是如果犯了错,只会感到生气,还不至于到糟透了的地步。虽然我讲不好,我仍然是个有用的人。一次行为的表现不等于一个人的全部;一件事做不成,不代表我就是笨蛋。不犯错最好,但不表示我一定不可以犯错。

[举例2]

事件A:最近一次考试没考好。

原想法B:我真没用,不是读书的料。

引发的情绪C:焦虑不安、自卑。

驳斥原想法的不合理性D:一次失败不代表一个人永远失败,这次发挥不好也不代表我笨、没用,这一次犯了以偏概全的错误。

建立理性的新想法E:这次发挥不好不代表我笨,这次没考好的原因是自己没有认真复习,下次我认真做好考前准备,情况会好转。

四、体察共情,抚慰他人情绪

(一) 倾听对方的苦恼

由于生活体验、家庭背景、所受的教育等不同,每个人对于苦恼有着不同的理解。因此,当试图去安慰一个人时,首先要理解他的苦恼,这就是我们所谓的共情第一步。而要能理解,你就必须学会倾听。

安慰一颗沮丧的心需要的是温柔聆听的耳朵,而非逻辑敏锐、条理分明的脑袋。聆听是用我们的耳朵和心去听对方的声音,不要追问事情的前因后果,也不要急于做判断,要给对方空间,让他能够自由地表达自己的感受,这样你才能全面理解对方的苦恼。倾听时,还要学会感同身受,因为对方是会察觉到我们内心的波动。如果我们对他的遭遇能够"悲伤着他的悲伤,幸福着他的幸福",对被安慰者而言,这就是给予他的最好的帮助。

(二) 接纳对方的世界

安慰人最大的障碍,常常在于安慰者无法理解、体会、认同当事人所认为的苦恼。人们容易将苦恼的定义局限在自我所能理解的范围中,一旦超过了这个范围,就是"苦"得没有道理了。由于对他人所讲的"苦"不以为然,因此,安慰者容易在倾听的过程中产生抗拒,迫不及待地提出自己的见解。因此,安慰者需要放弃自己根深蒂固的观念,放下自己的价值判断,真正站在对方的角度去看他所面临的问题。

心理专家说的"放下自己的世界,去接受别人的世界",就是这个道理。最好的安慰,是暂时放下自己,走入对方的内心世界,用对方的眼光去看他的遭遇,而不妄加评断。

(三) 探索对方的心路

我们在安慰他人时常常会感到自己有义务为对方提出解决办法。殊不知,每个被苦恼折磨的人,在寻求安慰之前,一般都有过一连串不断尝试、不断失败的探寻经历。所以,我们所要做的就是,探索对方走过的路,了解其抗争的经历,让他被听、被懂、被认可,并告诉他已经做得够多、够好了,这就是一种安慰。有时候我们以为安慰是要提供解决问题的方法,实际上,在安慰人的过程中,所提供的任何解决方法都很可能会失灵或不适用,令对方再失望一次,故而不加干预、不给见解,倾听、了解并认同其苦恼,是安慰的最高原则。

另外,陪对方走一程也是一种安慰。对方会在你的陪伴下,觉得安全、温暖,于是倾诉痛苦,诉说他的愤恨、自责、后悔,说出所有想说的话,当他经历完暴风雨之后,内心逐渐平静下来,坦然面对自己的遭遇时,他会真心感谢你的陪伴,也觉得是靠自己的力量走过来的。

活动与拓展

【主题】对推掌

【目标】让学生认识到接纳的重要性,情绪糟糕时不作反抗也许更有利。特别是当压力来临时,可以先放松。

【活动过程】

1. 学员们成面对面站立。指定其中一位是 A,另一位是 B。

2. 让 A 与 B 学员手掌对手掌并向前推,让双方都尽可能用力推对方。

3. 告诉 A 学员在不作任何提示 B 学员的情况下,把力收回。

4. 而后进行角色对换。

【活动规则】

1. 对抗学员差距不能太悬殊。

2. 男学员与男学员对抗,女学员与女学员对抗,避免差距悬殊。

3. 教官要做好保护准备。

4. 撤力的时候必须不做任何提示。

课外资源

【心书推荐】

1. [美] 吉姆丁克奇. 那些伤,为什么我还放不下[M]. 袁小茶等,译. 南宁:广西科学技术出版社,2014.

2. [美]奇普·康利.如何控制自己的情绪[M].谢传刚,译.北京:中信出版社,2014.

3. 克拉克.救助情绪[M].姚梅林等,译.北京:北京师范大学出版社,2002.

4. [美]P.吉尔伯特.走出抑郁[M].宫宇轩等,译.北京:中国轻工业出版社,2000.

5. [美]伊丽莎白·斯瓦多.我的抑郁人生[M].王安忆,译.北京:新星出版社,2007.

6. [美]盖伊·温奇.情绪急救[M].孙璐,译.上海:上海社会科学院出版社,2015.

【观影疗心】

1. 完美家庭,1992年,导演:Ken Olin

2. 茶水男孩,1988年,导演:弗兰克·克拉斯

3. 沙罗双树,2003年,导演:河濑直美

4. 愤怒管理,2003年,导演:彼得·西格尔

5. 头脑特工队,2015年,导演:彼特·道格特

心理测试

焦虑自评量表(SAS)

下面有二十条文字,请仔细阅读每一条,把意思弄明白,然后根据您最近一星期的实际情况做出适当的选择:A 没有或很少时间;B 小部分时间;C 相当多时间;D 绝大部分或全部时间。

1. 我觉得比平时容易紧张或着急	A	B	C	D
2. 我无缘无故地感到害怕	A	B	C	D
3. 我容易心里烦乱或感到惊恐	A	B	C	D
4. 我觉得我可能将要发疯	A	B	C	D
5. 我觉得一切都很好	A	B	C	D
6. 我手脚发抖打颤	A	B	C	D
7. 我因为头疼、颈痛和背痛而苦恼	A	B	C	D
8. 我觉得容易衰弱和疲乏	A	B	C	D
9. 我觉得心平气和,并且容易安静坐着	A	B	C	D
10. 我觉得心跳得很快	A	B	C	D
11. 我因为一阵阵头晕而苦恼	A	B	C	D
12. 我有晕倒发作,或觉得要晕倒似的	A	B	C	D
13. 我吸气呼气都感到很容易	A	B	C	D
14. 我的手脚麻木和刺痛	A	B	C	D
15. 我因为胃痛和消化不良而苦恼	A	B	C	D
16. 我常常要小便	A	B	C	D
17. 我的手脚常常是干燥温暖的	A	B	C	D

大学生积极心理教育

18. 我脸红发热   A   B   C   D

19. 我容易入睡并且一夜睡得很好   A   B   C   D

20. 我做噩梦   A   B   C   D

计分：正向计分题 A、B、C、D 按 1、2、3、4 分计；反向计分题按 4、3、2、1 计分。反向计分题：5、9、13、17、19。

总分乘以 1.25 取整数，即得标准分，分值越小，说明焦虑水平越低。当分值超过 50，需要引起重视，及时进行调整，并向心理老师咨询。

参考文献

1. 崔丽娟等.心理学是什么[M].北京：北京大学出版社,2002.

2. 吴增强.学校心理辅导通论[M].上海：上海科技教育出版社,2004.

3. 廖冉等.90后大学生积极心理健康教程[M].北京：中国物质出版社,2012.

4. 苏碧洋.大学生心理健康教育与辅导[M].福建：厦门大学出版社,2012.

5. 吴萍娜.大学生心理健康与发展：我的大学,从"心"开始[M].福建：厦门大学出版社,2013.

第五章　大学生的学习心理

小小日记

上大学的第一天我就立志把大学当作人生的一个新契机：要努力学习争取获得奖学金；考几本资格证书为将来就业做准备；参加社团、竞选干部、争取入党、锻炼自己各方面的能力……然而当我第一眼看到安排得密密麻麻的大学课程时，我那些美丽的幻想禁不住全都破碎了，那一刻，我真有种才出龙潭，又入虎穴的感觉。学习之外的时间几乎被各种各样的社团活动瓜分了。虽然上课之外的空余时间都是由自己安排，没有老师盯着自习，没有每天做不完的作业，但是，大学的课程变得更难了，以至于身边的有些同学干脆把时间花在追剧、上网玩游戏上，我开始担心，感到茫然：没有了老师的监督，我还能自觉学习吗？究竟大学的课程该怎么学、学到什么程度？如何提高学习效率？怎样安排业余时间有利于自己的专业发展？

点　评

小小的茫然主要源于不了解大学学习的特点，面对大学生活自由程度的提高，以及学习任务的难度、高度、深度和广度的增加，若沿用高中的学习策略和方法，就无法适应大学学习。小小制订的学习目标高大上，导致产生心理压力和自我效能感降低。本章让我们一起走进大学生的学习生活，帮助大学生了解自己的学习心理特点，了解心理健康与学习的关系，促成积极学习的心态，掌握大学生自我调节策略和创新性学习，保证顺利、高效地完成大学阶段的学习任务。

学习目标

1. 了解大学学习的实质和特点
2. 理解大学生学习心理的结构

3. 明确大学生制定学习目标应注意的问题

4. 了解大学生学习心理的常见问题

5. 掌握积极学习的有效策略与方法

学习手记

第一节　学习心理概述

一、学习及大学学习的特点

(一) 学习的概念

人生在世,总是从事两类活动:一是改造客观世界的活动,二是改造人类主观世界的活动。前一类活动可以统称为工作,后一类活动可以统称为学习。日常情境中的学习与教育情境中的学习不完全相同。教育是有目的、有计划的按照教育目标对学生心理和行为施加影响的过程。因此,把教育情境中的学习定义为:学习者在教育目标指引下,通过与其环境相互作用,由经验所产生的比较持久的行为或倾向的变化。比如,通过训练,学生从不会游泳到会游泳,这种游泳行为的出现就是学习。又如,两个大学生接受相同的军事训练,从行为变化上看,他们都学会了队列操练和实弹射击,但在他们的思想深处,一名大学生得出"军队生活很辛苦,尽量不要去当兵"的想法,另一名大学生则得出"军队是锻炼人的好地方,尽量要争取去当兵"的想法。

通过学习而产生的行为或倾向的变化,是由人与环境的相互作用而产生的,这种变化是后天习得的,排除由本能、成熟、疲劳、创伤、药物等所引起的变化。

(二) 大学学习的特点

1. 专业性

大学生是按国家需要培养的高级专门人才,专业课程设置是按照人才培养目标、课程标准开设,有专业核心课程、专业基础课程、公共基础课程等。当然,大学生的学习不能拘泥于某一专业,必须扩大自己的知识面,广泛涉猎人文社科知识领域。因此,如何正确处理基础课与专业课、选修课和必选课之间的关系,是大学学习的一个中心问题。

2. 自主性

大学生自主支配的时间较多,而且在教学以外的时间,授课教师和班主任或辅导员一般不对学生学习什么、怎样学习作出具体规定,学生可根据自己的需要、兴趣自主安排,并且可以自由选择教室、阅览室、图书馆或者宿舍进行学习。所以,在大学里你会发现,有的人忙得不可开交,有的人闲得难受。这就需要学生充分发挥主观能动性,统筹规划,合理安排自己的学习,选择适合自己的学习方法,以便在有限的时间内获得较高的学习效益。

3. 多样性

大学是浩瀚的知识海洋,各类活动繁多,为大学生的发展提供了广阔的平台。除了课堂教学之外,还有各类讲座、自学、交流、传播媒体、社会实践等途径,因此,利用各种途径开展多方位的学习是大学生必须掌握的基本功。

4. 探索性

大学教育的根本任务之一就是要培养学生具备会思考、探索问题的本领,这是人生求学过程中的一大飞跃。

二、大学生的学习心理

学习心理是指在学习活动中人的心理反应、心理特点及其活动规律。学习是一种复杂的心理活动,学习需要人的全部心理活动积极地参与,不仅与感觉、知觉、注意、记忆、想象、思维等认知过程直接相联系,而且还涉及人和情绪、动机、个性和社会化等问题。心理学家将学习心理结构分为两个系统。一是智力因素系统,包括注意力、观察力、记忆力、想象力、思维能力。智力因素直接参与认知活动。二是非智力因素系统,主要指学习动机、兴趣、意志、情绪、个性等,非智力因素虽然不直接参与对信息加工处理等认知过程,但对认知过程起着动力和调节的作用,是学习活动的推动者和调节者。如果说智力因素反映的是人们能不能学,而非智力因素就是人们要不要学的问题,学习效果如何是由二者共同决定。

【心灵游戏】

主　　题:多元智能

热身活动:比长短

活跃氛围,同时使学生明白"寸有所长,尺有所短"。

每组派出一位他们认为会赢的同学,等被派出的人都出来后,老师再说比什么。计算每次比完的输赢即可。

(这个游戏比的项目越不易被大家猜中的越有趣,如比手臂、比头发……比的项目必须在看到被派出的人之前想好)

活　　动:鼓掌游戏

活动目标:明白每个人都有潜能,增强自信心。

活动准备:白纸,笔,能够精确到秒的计时器。

活动步骤:估算一下30秒钟内你鼓掌的次数,把这个数字写在白纸的左上角,然后将纸反放在课桌上。由老师计时,当同学听到"开始"指令时开始鼓掌,尽全力鼓掌,并记住自己鼓掌的次数,鼓掌必须做到位。期间学生若有放松的情况,老师给予积极鼓励。

同学听到"停止"的指令时结束鼓掌,将你实际鼓掌的次数写在白纸的正中。

对比两个数字,分享感受:

(1) 通过对比两个数字,你觉得其中隐藏了什么?

(2) 如果数据相差很大,试着分析并查找原因。

(3) 在如潮的掌声中,鼓掌时你用力了吗? 对你有什么启示?

【知识链接】

美国哈佛大学心理学教授加德纳认为,智力并非像传统智力定义所说的那样是以语言、数理或逻辑推理等能力为核心、以整合方式存在的一种智力,而是彼此相互独立、以多元方式存在的一组智力。人除了言语——语言智力、逻辑——数理智力两种基本智力以外,还有其他五种智力,它们分别是:视觉——空间智力、身体——运动智力、音乐——节奏智力、人际交往智力、自我内省智力。

1. 言语——语言智力:有效地运用口头语言或书写文字的能力。

2. 逻辑——数理智力:有效地运用数字和推理的能力。

3. 视觉——空间智力:准确地感觉视觉空间,并把所知觉到的表现出来的能力。

4. 身体——运动智力:善于运用整体身体来表达想法和感觉,以及运用双手灵巧地生产或改造事物。

5. 音乐——节奏智力:察觉、辨别、改变和表达音乐的能力。

6. 人际交往智力:察觉并区分他人的情绪、意向、动机及感觉的能力。

7. 自我内省智力:有自知之明并据此做出适当行为的能力。

加德纳多元智力理论告诉我们,每个人的智力都有独特的表现形式,每一种智力又有多种表现形式,我们很难找到一个适用于任何人的统一标准来评价一个人聪明或成功与否。

你了解自己的智力类型吗? 你知道自己的优势智力和劣势智力吗? 若答案是肯定的,就要鼓励自己运用擅长的智力类型,同时关注和强化那些需要加强的智力类型,科学管理、合理规划学习,用全部的智力来学习,充分挖掘自己的潜力,获得最大限度的全面发展。

【瓦拉赫效应】

曾有一个叫奥托·瓦拉赫的人,中学时,父母为他选了文学之路,可一学期下来,老师给他的评语竟为:"瓦拉赫很用功,但过分拘泥,这样的人即使有着完美的品德,也绝不可能在文学上发挥出来。"无奈,他又改学油画,但这次得到的评语更令人难以接受:"你是绘画艺术方面的不可造就之才。"面对如此"笨拙"的学生,大多数老师认为他已成才无望,只有化学老师觉得他做事一丝不苟,具有做好化学实验应有的品格,建议他学主攻化学。谁料,瓦拉赫的智慧火花一下子被点燃了,并最终成了诺贝尔化学奖得主。

第二节 大学生常见的学习心理问题及其调节策略

在学习活动中,健康的心理有助于取得良好的学习效果;不健康的学习心理不仅影响着学习效果,而且会导致厌学和辍学。因此,了解大学生在学习中存在的心理问题十分重要。本节内容将剖析大学生常见的四种学习心理问题,并提出应对的措施和方法,以帮助大学生正确面对学习问题,提高学习效率。

一、学习动机问题及调适

案例

  大二学生杨瀚说:"我以为上了大学就可以轻松地玩了,船到码头车到站,得喘口气,歇一歇。况且高中时学得那么辛苦,到了大学也该补偿一下。上课看小说,下课找外校的同学和老乡玩;早晨睡懒觉、翘课、晚上聊天或看电影,整天不学习,无所作为。这种懒散颓废的生活伴我混过了一年时光,一学年下来,我的综合排名竟然在全班倒数。犹如当头一棒。到了大二,我想要振作起来,但又不知如何下手。既有新的课程要学习,还要补大一落下的课业,我感觉疲于应付,更难赶上了。"

  杨瀚在学习上出现的情况实际上是大学生"学习动力缺乏"的真实写照。有些学生熬夜通宵看电影,却从来不去图书馆;废寝忘食地玩游戏,一翻开书本就打瞌睡;每天专心于娱乐八卦,而对专业知识一问三不知……他们不清楚自己想要的未来到底是什么样的,也不知道现在该做什么,这学期想做什么,这星期要做什么。他们整天无所事事,做什么都觉得无聊乏味。大学生学习无动力,有很多种表现形式,如无明确的学习目标,厌倦学习,逃避学习,无计划,无成就感,无抱负和理想。像杨瀚那样,缺乏明确的目标、理想,一味追求享乐,得过且过,没有上进心。

  导致大学生学习动力缺乏的原因有很多,既有来自社会、家庭、学校的原因,也有来自学生自身的原因。而这其中,最主要的还在于大学生自身的学习动机不足。学习动机不足不仅使学生对学习无正确态度,不会制定长远的学习目标或计划,同时也使得学生对学习不求甚解,考试应付了事,更无从谈对学科的理解、深入研究以及提出新的观点和形成独特的学科思维。

(一)解读大学生的学习动力系统

1. 什么是学习动机

  学习动机是引发与维持学生的学习行为,并使之指向一定学业目标的一种动力倾向。学习动机作为推动学习的内部力量,一方面它直接引发学习行为,促进学习者投入学习活动;另一方面维持和加强学习进程。学习动机的强弱直接影响学习进程的稳定性和持久性。一个有着强烈学习动机的学生在学习过程中往往会表现出坚强的意志和认真的学习态度。

2. 学习动机的分类

  (1)外部动机与内部动机。外部动机由学习的外部诱因而引起的动机,如学生努力学习是想在考试中获得好成绩、得到奖励或者逃避惩罚。内部动机指因学习活动本身的意义和价值所引起的动机。具有内部动机的学生能够独立、自主、积极地参与学习过程,具有好奇心,喜欢挑战,能够坚持不懈地努力学习,忍受挫折与失败。具有外部动机的学生为了达到外在目的,往往选择没有挑战性的任务,一旦达到目的,学习动机就会下降。另一方面,一旦失败,就一蹶不振。

（2）近景性学习动机和远景性学习动机。这是根据动机的作用时间来分类的。近景性学习动机是指向近期的、与学习者的学习活动和个人目标直接联系的动机。它源自于我们对学习内容和学习过程的直接兴趣和爱好,以及对学习活动的直接结果的追求。这类学习动机比较具体,作用效果明显,但作用时间缺乏持久性。如有些同学学习的目的就是拿奖学金;远景性学习动机与社会意义和个人前途相联系,如为了将来自己在某领域内有重大贡献等。这类动机作用稳定而持久。

（3）主导性学习动机和辅助性学习动机。这是根据学习动机在学习活动中作用的程度来分类的。主导性学习动机在学习活动中起主导作用,属于支配地位,其影响作用稳定而强烈。辅助性动机在学习活动中发挥辅助作用,其影响作用相对微弱而不稳定。两者可以同时存在。如美术专业的同学经常出外采风,通过这个渠道可以找到创作灵感、练习绘画,但同时他们也有放松、娱乐等辅助性动机。

（二）激发学习动机

1. 明确学习的意义

很多大学生缺乏学习的积极性和主动性,是因为他们不知道为什么而学,对学习在人生发展中的重要作用和意义缺乏深刻的认识。大学是人一生中用完整的时间来进行学习的最好机会,"手中有粮,心里不慌",如果不珍惜这个机会掌握扎实的本领,等到毕业面试时,等到步入工作岗位后将后悔莫及,更谈不上实现个人的理想和价值。因此大学生要从"要我学"转变为"我愿学",真正认识到学习的价值,从根本上调动学习积极性、主动性和自觉性。

2. 树立明确的学习目标

有一个人问路:"先生,你能告诉我该怎么走吗?"路人感到非常疑惑,说:"你要去哪里?"他回答道:"我也不知道去哪里,先生。"路人说:"如果你不知道要去哪,那走哪条路都行!"这看起来是个笑话,但是在现实生活中迷失方向的人却很多。哈佛大学商学院的一项研究表明:83%的人没有清晰的目标,14%的人有目标但没有写下来,3%的人写下了清晰的目标;最后一类人的收入是第一类人的 10 倍。正所谓"千里之行,始于足下",目标是引导个体行为的方向,并且为行动提供原动力。大学生确定学习目标时应注意三个方面:一是根据社会对人才的需要以及自己的需要来制定目标;二是近期目标和长远目标相结合,重点放在近期目标的制定上;三是设定的目标要与自己的能力一致。正所谓"跳一跳,摘到桃子",既有挑战性又有可实现性的目标才是最合理的。

如何制定大学期间的学习目标

活动一:列出大学要完成的三件大事。

操作过程:请在纸上写下大学期间最想要完成的三件大事。然后由于特殊原因你必须去掉其中一件没法完成的事。如果又有意外发生,你还得去掉其中的一项。剩下的就是你最想为之奋斗的最大目标了。

活动二：把梦想变成目标。把梦想转化为现实，制定切实可行的奋斗目标。如将"我要找到一份好工作"变成具体的目标"我要从事什么样的工作，如教师"。

活动三：细化目标。大目标确定之后，要细分小目标，看看具体从哪些方面入手。如将目标"我要当教师"细化为"我想当什么类型的教师，是中小学教师还是幼儿园教师，是什么学科的教师"。

活动四：把目标具体化。分析实现目标所具备的条件，就能针对实际情况而行动。如"我想当中小学教师需要具备的条件：教师资格证书、教学能力、板书水平、课件制作等"。

活动五：把具体目标分解到大学的各个学期，如每个学期、每个月、每周、每天甚至每个小时要做什么，达成什么目标。

3. 培养学习兴趣

孔子曰："知之者不如好之者，好知者不如乐之者。"爱因斯坦曾经说过：兴趣和爱好是最好的老师。那些对学习如饥似渴、常常废寝忘食的人，自觉的态度常使他们永远有动力去探索，从而也能取得较好的成绩，而好的成绩又使他们对学习产生更浓的兴趣，形成学习中的良性循环。大学生想要在学习中发挥积极性和创造性，就要对自己所学的知识培养浓厚的兴趣。

4. 正确对待成败，学会合理归因

千军万马过独木桥，大学生们都是中学里选拔出来的优秀学生。可是正如一条小鱼从游进大海那天起，有更多的鱼儿游得比它更快、更欢。在学习的竞争中，有很多学生的排序自然降了下来。于是不少人产生消极心理，甚至降低学习动力，使学习成绩直线下滑，有些学生怨天尤人，甚至一蹶不振。成功或失败的体验确实会影响学习热情和能量，然而它对学习动机的影响并不是绝对的，关键是要学会对成功与失败进行合理归因。从大学生对失败的归因方式看，可以分为悲观的归因方式和乐观的归因方式。悲观的归因方式认为失败的原因是内部产生的，如个人能力，而这种因素是稳定而不可改变的。乐观的归因方式则把失败看作是外部因素的结果，如"任务太难"或"不公平"等，这种因素是不稳定且可改变的，"如果我下次再努力，我就会做得更好"等。大学生在面临学业挫折的时候，要学会乐观的归因方式，增强后继学习的动力。

表 5-1　维纳归因模型

归因种类	归因维度					
	归因来源		稳定性		可控性	
	内部	外部	稳定	不稳定	可控	不可控
能　　力	√		√			√
努　　力	√			√	√	
工作难度		√	√			√
运　　气		√		√		√
身心状况	√			√		√
其　　他		√		√		√

【想一想】

请你仔细地回想一下,在过去的学习经历中,你常常把自己在某项作业或考试上的成功与失败,倾向归因于以下四种原因中的哪一种——能力、努力、运气和任务难度,请填写在下面的横线上:

学业成功的原因 _____

学业失败的原因 _____

【做一做】

学习积极归因:

你这次考试进步是因为 _____

你这次事情做得不好是因为 _____

你这次受到表彰是因为 _____

二、专业承诺问题与调适

案例

吴浩是某大学一年级的学生。高考仅几分之差,他被调剂到了现在的专业。入学后,他才知道这个专业就业前景并不好。更让他无法忍受的是课程内容跟现代社会严重脱节,他实在提不起兴趣听课。"一定要转专业!"他对自己说。可是几经打听,他才知道转专业并不是那么简单,自己心仪的经济学专业只有几个名额,竞争激烈。他非常痛苦,感到自己一辈子就要毁了。

所学专业并非所爱,这种烦恼你可曾有? 案例中吴浩由于对专业有情绪而产生学习困扰。为什么有那么多的学生对自己的专业不满意呢? 这源于在高考填报志愿时,大多数学生是盲目选报专业的,有的只是跟着赶时髦盲目追求热门专业,有的被逼完成父母的梦想,有的只是看着专业名称望文生义。进入大学校门后,才发现原来自己所读专业与自己想象中的就业前景和兴趣完全对不上。有的同学一开始就对这个专业不感兴趣,一听到专业理论知识就头大,有些同学因为被调剂所以对所学专业有抵触情绪。于是他们感到前途暗淡,心灰意冷,厌学情绪与日俱增。

(一) 什么是专业承诺

专业承诺是指大学生认同所学专业并愿意付出相应努力的积极态度和行为。对大学生专业承诺的研究是近几年来在国内兴起的。大学生的主要任务是专业学习,对专业学习的承诺反映了大学生对所学专业的喜爱程度、愿意付出的努力以及继续从事该专业的愿望等积极心理。大学生对所学专业的承诺越高,学习积极性就越高。连榕等人的研究显示:我国大学生专业承诺整体水平不高。

大学生面对全新的专业学习,或多或少会产生迷茫和困惑,这主要来自对自身所处情境的未知。还有部分大学生因未能考入自己理想的专业,或者发现所学专业与自己想象相差甚远,从而产生失落感或挫折感,导致其丧失了专业学习的积极性,直接影响了大学生对所学专业的认同。这些都使得学生的专业理想模糊化,不利于大学生的成长和发展。

(二)积极调适

首先,保持良好心态,积极适应大学生活。大学生大部分都在 20 岁左右,无论从哪个方面来讲,可塑性和潜力都是很大的。有些同学过早断定自己不是学某学科的"料",有失偏颇。一个人某方面是否真正有所作为,必须经实践检验。比如,有的年轻人自认为自己是文学家、艺术家或企业家的"料",可是经过社会的选择却未必如此,所以,下这种结论为之尚早。况且大学生也不必完全放弃自己的兴趣,可以通过辅修第二专业,做到"鱼"和"熊掌"兼得。大学教育在很大程度上是通才教育,这种观念已越来越被用人单位所接受。总的来说,大学阶段都是打基础的,是培养思维能力的阶段,应当尽力学好各门功课。

其次,激发对专业学习的兴趣和热情。专业兴趣是一个培养、变化的过程。研究表明,兴趣的形成与发展,大都经历了无趣—有趣—乐趣—志趣这样的过程。对于那些报考专业与所学专业相符的大学生,可大量阅读文献,拓展知识面;对被调剂专业的大学生,可以采取一些手段来培养自己对所学专业的兴趣。"这个世界,不是缺少美,而是缺少发现美的眼睛。"发现所学学科之美,也许你就会爱上这门学科。世界上不少著名的成功者的兴趣都是经过转移和调整的。马克思原先爱好的是诗歌,歌德原来喜欢的是美术,发明电报的莫尔斯原来是个画家。由此可见,我们完全是可以将自己的兴趣转移到自己所学的专业上来。

最后,积极参与校园文化活动。如果对学科的单一了解还不能激起你对所学专业的兴趣,建议多参加自己喜欢的校园文化活动,这对激发自己的求知欲、增强内部学习动机有重要意义。如案例中的吴浩由于讨厌自己的专业,天天窝在宿舍里打游戏,后来参加了学院举办的网络游戏大赛,并获了奖。他说,促使他转变有两个原因:一是获了奖,觉得特别来劲儿;二是比赛的过程中他发现了不同游戏的乐趣所在,因此产生了开发游戏、设计编程的兴趣。而这些都需要很多的理论知识作为基础,于是他努力地查阅资料,补充知识,最终赢得了比赛的胜利。

三、学习倦怠问题及调适

案例

刚上大二的建辉表示不想上学了,声称要外出打工挣钱。他说自己内心其实也非常渴望能静心学习,但就是提不起学习兴趣,每天强迫自己坐在教室,脑子却一片空白,不知道自己在想什么,想干什么,后来索性也不去上课了,关在宿舍里打网游。他也曾想努力学习,但是发现自己实在没有兴趣,学习起来也非常吃力。他觉得很无望,继而产生了退学的念头。

建辉目前的心理状态实际上是当今部分大学生所具有的一种学习倦怠的心理。在学习过程中,每个学生都有可能产生学习倦怠心理,只不过在不同学生身上发生的程度不同而已。

(一) 什么是学习倦怠

学习倦怠指的是当学生对学习没有兴趣或缺乏动力却又不得已而为之时,就会感到厌烦,从而产生一种身心俱疲的心理状态,并消极对待学习活动。具体表现为情绪低落、行为不当、成就感低三个方面。情绪低落,反映大学生由于不能很好地处理学习中的问题与要求,表现出倦怠、沮丧、缺乏兴趣等情绪特征;行为不当,反映大学生由于厌倦学习而表现出逃课、不听课、迟到、早退、不交作业等行为特征。成就感低,反映大学生在学习过程中体验到低成就的感受,或指完成学习任务时能力不足所产生的学习能力上的低成就感。

连榕等人的进一步研究表明,大学生学习倦怠的水平较高,有相当一部分的大学生在学习中积极性不高,表现出较严重的逃课、不爱听课、不努力、迟到、早退等不良的学习行为。大学生学习倦怠产生的原因有:学业重负,学习时间过长过紧,大脑得不到休息引起的注意力涣散、思维迟钝、情绪躁动、学习效率降低,从而产生心理疲劳;专业困境,学习兴趣减退,激烈竞争,焦虑过度;自我效能感低,自我评价消极;抱负水平低,学习动力不足。

(二) 学习倦怠的调适

我们该如何解决学习倦怠问题呢? 首先要认清倦怠因何而起,这样才能有针对性地加以解决。如果是因为学习太久身体过度疲劳,那么就赶快给自己放个假,多休息一下;如果是心理问题,那还得用"心药"医治。但总体说来,调节并不是单一地采取某种方法,而是把几种方法综合在一起,这样会起到更好的效果。

1. 科学用脑,防止学习中的疲劳

其一,顺应生物钟的节律,安排学习和生活。每个人用脑的特点和习惯不同。有些人是"百灵鸟型",有些人是"猫头鹰型"。然而大多数人属于"混合型",即用脑效率呈现出如下规律:上午7—10时生物机能处于上升状态,10时左右精力最充沛,是学习和工作的最佳状态;以后逐渐下降,至下午5时后又再度上升,到晚上9时又达到最佳状态。大学生应摸清自己的生物节律,在"黄金期"安排难度大的学习内容,避免过度疲劳。

其二,注意劳逸结合,学会放松。美国科学家在过去35年内对400名21—84岁的成年人进行了语言能力、感觉速度、空间定向及计算机思维等方面的测试研究。结果表明,25%常参加运动锻炼的人,在智力和反应方面明显高于不参加锻炼或极少参加锻炼的同龄人。所以在紧张的学习过程中适当地穿插一些有氧运动,更能促进大学生的学习效率,正所谓"磨刀不误砍柴工"。

其三,科学用脑,减少疲劳。大脑皮层之所以能长时间工作,兴奋区和抑制区互相转换是一个非常重要的条件,多种活动互相轮换,可以使大脑皮层的各个区域得到轮流休息,从而保证大脑的工作效率。大学生可以安排不同性质的学习内容交替学习,如学完数学看英语。许多有成就的科学家和革命家都懂得合理用脑,让大脑交替兴奋。例如,鲁迅在创作感到疲劳时,就读点儿政治、经济、地理、考古等方面的书籍;达尔文在进行化论的研究中,以阅读马尔萨斯的《人口论》作为休息。因此,大学生在从事计算、语言、逻辑、哲学等科学活动时可穿插色彩、音乐、幻想等艺术活动,这样就可缓解疲劳,起到事半功倍的效果。

2. 适当地调整抱负水平和学习动机的强度

美国心理学家耶克斯和多德森认为,动机强弱与学习效果的关系可以描绘成一条倒 U 形曲线。适中的动机强度最有利于学习效果的提高。同时他们还发现,最佳的动机激起水平与任务难度有密切的关系。任务较容易,最佳激起水平较高;任务难度中等,最佳激起水平也适中;任务越困难,最佳激起水平越低。大学生应客观地分析自己的状况,为自己设定恰当的抱负水平,制订切实可行的学习计划,使自己在每次的学习成功中体验到快乐,树立起自信心。

【詹森效应】

有一名运动员叫詹森,平时训练有素,实力雄厚,但在体育赛场上却连连失利。人们借此把那种平时表现良好,但由于缺乏应有的心理素质而导致竞技场上失败的现象称为詹森效应。在日常生活中,有些名列前茅,"实力雄厚"与"赛场失误"之间的唯一解释只能是心理素质问题,主要原因是得失心过重和自信心不足。有些人平时"战绩累累",卓然出众,众星捧月,造成一种心理定势:只能成功不能失败,再加上赛场的特殊性,社会、国家、家庭等方面的厚望,使得其患得患失的心理加剧,心理包袱过重,如此强烈的心理得失困扰自己,怎么能够发挥出应有的水平呢?另一方面是缺乏自信心,产生怯场心理,束缚了自己潜能的发挥。

3. 恰当归因,找回自信

对自己的成败进行正确的归因,肯定自己。把失败归因于主观因素,会使人感到内疚和无助;把失败归因于客观因素,会产生气愤与敌意。因此,受挫折以后,应当冷静、客观地分析自己失败的原因,找出造成挫折的真实原因,对挫折做出客观、准确的归因,从而有效战胜挫折。同样对自己的成功也要认真加以分析,找到成功的原因,从而看到自己努力的意义和前进的方向。

4. 自我调节,学会舒缓压力

心理学认为,一个人随时可以通过想象、联想、幻想而自我衍生出正负情绪。当大学生发现自己有学习倦怠的征兆时,应勇于面对现实,正确认识学习倦怠的各种症状,反思自己的压力来源,主动寻求帮助,采用降低压力的心理治疗方法,如系统脱敏法、放松训练等设法加以化解。

四、考试焦虑问题及调适

案例

巧芳是一名大二学生,每次考试时,一走进教室就开始紧张,在等考卷发下来时,就感到心已经在怦怦地跳。等到考卷拿在手里,一看到稍微难的试题,就会感到血往上涌,脑子一片空白。虽然尽力让自己安静下来做题,但注意力总是无法集中,感到无法控制,老是要去注意旁边的同学。看到旁边的同学不停地写,或者翻考卷,就觉得自己肯定又来不及答题了,由于紧张慌乱,耽误了时间,每次都来不及做完。可是最让巧芳懊恼的是,考试结束后平静下来,许多题目都会做。

巧芳的主要学习心理问题是考试焦虑。由于成就动机过强,迫切希望自己取得好成绩,但结果是越想考好,越是考不好。

(一) 什么是考试焦虑

考试焦虑是由应试情景引起的紧张不安、忧虑、恐惧甚至逃避的心理状态。心理学研究表明,适度的焦虑会产生积极的效果,使应试者较好地发挥水平,但焦虑程度过高或过弱都会降低学习效率。有研究表明,我国大学生中,考试焦虑较高的人数达 20%。考试焦虑的表现非常明显。首先,在考试前紧张、忧愁、失眠、恐惧、心烦意乱,无法集中注意,老想着考试失败给自尊带来的伤害;其次,在考试中四肢发凉、肌肉颤抖、心跳加快、冒虚汗、尿频、莫名的腹泻、记忆受阻、思维迟钝等,有时全身发抖、眼发黑,甚至晕倒。

对进入大学的学生来说,过五关斩六将,对考试应该非常熟悉且非常擅长,为什么进入大学还会引起考试焦虑呢? 主要原因有:一是成就动机过强,像巧芳那样,迫切希望能通过好成绩证明自己的优秀,实现自己在大学的价值;二是自信心不足,总是担心自己的学习能力、各方面比别人差,担心自己复习不充分,每次考试前都给自己消极的心理暗示;三是畏惧心理,因在一次考试失利后,对考试产生恐惧感,担心再次失败;四是很多的家长对学生期望非常高,这也使大学生们产生了无形的压力;五是学生考试前准备不充分,临场前也会产生焦虑感。

(二) 考试焦虑的调适

1. 正确看待考试

考试只是检验所学知识的一种手段,是认识和检验自己学习效果的一个时机。因此,大学生要正确对待,尽力发挥自己的水平。考试成绩只能从某一个方面而不能全面综合地反映学生的学习情况,因而不要把成绩看得过重,把每次考试都与自己的命运连在一起。就业不仅看成绩,还要看能力,只要学到了货真价实的知识,掌握了一定的技能,就会有用武之地。

对考试焦虑的认知矫正的自我实务操作过程:① 检查自己的担忧。把自己有关考试的担忧写出来,将各担忧项目按顺序加以排列。② 对担忧进行合理化分析。分析自己所担忧的事项哪些是合理的,哪些是不合理的,从而找出错误认知。③ 与担忧辩论。针对担忧的不合理处,用事实、常理予以驳斥,并对不合理的担忧作"危害分析"。④ 形成正确的考试观。试卷是一把尺子,考试是一种手段,测量的是学习中对知识的掌握程度,暴露出的是学习中存在的知识漏洞。既然只是一种手段,那就无所谓好坏,考试是当之无愧的中性词。因此,应以正确心态面对考试,把考试看成检验自己能力的一个机会,以平常心对待。

2. 积极备考,设定合理的考试期望

学习无捷径可走,不要投机取巧,总想着碰运气。平时要认真学习,考前制订复习计划,对学过的知识进行全面、系统的复习。同时正确评价自己,对自己掌握的知识和已具备的能力作出正确的评价,在此基础上制定出符合个人实际的考试成绩目标,避免出现考试焦虑。

3. 提高自信

有一句说:世界上不是因为事情难办使我们失去了自信,而是因为失去了自信才使事情难办。自信是一种动力,也是成功的开端。在平时的学习、考试前和考试中要对自己充满信

心,相信自己行,给自己积极的期待。考试前可进行积极的想象:想象快要考试了,自己信心满满,所有该复习的内容都复习过了。进行三次深呼吸,打开考卷,发现考核的内容自己都复习过了,一题,两题……自己积极从容地书写着,字迹工整、卷面整洁、要点鲜明。所有的题做完了,从头到尾检查一遍,毫无纰漏,自己很满意地合上考卷,走出考场。积极的想象不仅可以提高我们的自信,缓解焦虑,还有助于现实的考试发挥水平。

4. 缓解考试中的消极状态

在考场中如出现考试焦虑感很严重,以致思维混乱或一片空白,头昏脑胀,可进行自我调节。一是放松法。闭上眼睛,放松身体和思想,伸展四肢并变换身体的位置,做几次缓慢的深呼吸,并在深呼吸时提醒自己"放松",紧张的情绪会慢慢得到缓解。这样随着情绪的稳定,记忆也就清晰的了。二是积极暗示法。在答题过程中,如果感到紧张,可进行积极的自我暗示:"冷静,这些题我以前做过","我很安静","我很放松"。待情绪趋于镇定后,再答题。

5. 进行心理咨询

如果觉得自己有考试焦虑,并且通过自我调节的方式无法调整,应积极寻求心理咨询帮助。

第三节　大学生积极学习心理的培养

1996 年联合国教科文组织出版《学习:内在的财富》一书,明确指出:"终身学习的概念是人类进入 21 世纪的一把钥匙。"不能终身学习的人,将被拒于 21 世纪的门外,只能留在 20 世纪。当今社会已经进入一个终身学习的时代。知识经济正在逐步取代工业型经济,知识的创造、更新和应用成为每个行业、机构以及个人成功的关键因素。由于新知识不断涌现,生活和工作问题复杂多变,人际交往也变得更频繁,要应付这些挑战,每个人都必须具备更多的修养,灵活运用知识及创造性地处理层出不穷的问题,"终身学习是通过一个不断地支持过程来发挥人类的潜能,激励并使人们有权利去获得它们终生所需要的全部知识、价值、技能与理解,并在任何任务、情况和环境中有信心、有创造性地愉快地去应用它们。"

【我想了解】　你是学习的好主人吗?

请根据自己的实际情况回答下面各题。符合自己实际的,请打"√",否则打"×"。

1. 在学习过程中,我能够意识到自己正在进行的思维活动。

2. 我能够意识到哪些相关知识的欠缺在影响我的学习进程。

3. 学习中,我经常反思自己学习的优点和缺点。

4. 学习前,我会制订一个详细的学习计划。

5. 完成某一学习任务后,我经常会反思自己完成的质量和取得的经验。

6. 在学习过程中,我会根据情况调整学习计划和学习方法。

7. 在学习中,我常常能有效排除干扰因素,使学习活动继续下去。

8. 看完一本书后,我常问自己学到了什么,还有没有值得进一步思考的问题。

9. 一般情况下，我能按计划完成学习任务。

评分与评价：你打的"√"越多，说明你对自己学习的认识和监控越强，你是自己学习的主人；反之，则说明你的学习较盲目，需要加强这方面的训练。

一、自我调节学习

（一）自我调节学习的含义

自我调节学习（self-regulated learning，简称 SRL）指学习者主动激励自己并且积极使用适当的学习策略的学习。它既是一种动态的学习过程，也是一种相对稳定的学习能力。

（二）常用的学习策略

1. 使用有效的复述策略

在学习的过程中，为了识记学习内容必然要对所学知识反复进行复习和记忆。复习不是单纯地重复，要根据学习规律特别是记忆规律来合理科学地组织学习，达到掌握系统知识的目的。复述过程包含着许多有效的具体策略。

（1）及时复习

有的同学学习某些内容后，被其他同学提及相应的知识点时，"一问三不知"，于是经常感叹自己记忆力太差，自己太笨，总是记不住，明明看过的内容，怎么就记不起来了呢。其实，艾宾浩斯的遗忘曲线表明，遗忘的规律是先快后慢，在识记过后的短时间内遗忘量很大，随着时间的推移，遗忘量会逐渐减少。这就提示大学生在掌握知识时要及时复习，最好在当天对所学知识进行及时复习，不能在大量遗忘发生之后再复习，那样几乎等于重学，会耗费大量的时间和精力。

（2）分散复习

集中复习是指一段时间多次重复学习。很多大学生平时不认真学习，等到期末考试才来抱佛脚、开夜车，把"宝"全压在集中复习上。"考前背背背，考后忘忘忘"，很多学生都有这样的体会，考完过后，脑子里什么都没有了。这就是短期的集中复习后，遗忘量很大。而分散复习则不同，将要学习的内容每隔一段时间重复识记。心理学研究证明，分散复习的效果不论在记忆的持久性上还是在记忆的精确性上都比集中复习的效果要好。因此，同学们学习时要更多地用分散学习。

（3）尝试回忆

不少大学生为了牢固掌握知识，在复习中反复阅读，直到滚瓜烂熟。实际上这不是很科学的学习方法。在复习中，一边阅读，一边合上书本进行尝试性回忆，这样可以清晰地掌握识记的盲点、复习的重点和难点。使复习的指向性更加清晰。心理学研究表明，尝试回忆在记忆的持久性和精确性上比从头到尾背诵效果更好，还可省大量的时间和精力。

（4）适当超额学习

超额学习，是指在学习过程中在知识已达到成诵后仍继续学习。研究发现，在适当范围内，超额学习的次数与保持量之间呈正相关。但是，也不是越多越好。心理学研究表明，150%的过度学习效果最好，超过200%的学习则会出现"报酬递减"现象，也就是说过量的超额学习不仅达不到增效的目的,反而会降低学习效果。

（5）多种感官协同参与复习

多种感官指的是在具体识记时,多运用眼看、耳听、口述和手写等方式;在复习方式上可以朗读、背诵、提问、做练习、实验操作等方式。从学习的生理机制来看,学习就是在大脑皮层上建立暂时神经联系,而多重感官参与能建立多重的神经联系,不仅记得牢,而且便于提取。心理学家做过一个实验,单凭听觉获得的知识一周后能记住 15％,单凭视觉获得的知识一周后能记住 25％,而视听结合所获得的知识一周后能记住 65％。

2. 使用精加工策略

为了更好地理解与识记正在学习的内容,把新知识和已有知识有效地联系起来,形成自己的东西,这个过程就是精细加工。精细加工越深入,回忆越容易,现在介绍几种精加工策略。

（1）做记号

我们都有这样的经验,阅读的时候在学习材料上涂涂画画,用各种标记或颜色在自己认为重要的或关键的字句下面画线。下次阅读时仿佛好像是跟老朋友见面,很亲切,能快速找到复习内容中相关的重要信息。有研究表明,我们在决定每段话中哪一句最重要的同时,对材料进行了较高水平的加工。因此,如果学习时能对一些重点的句子或词进行标记,能加深对句子的理解,记得更牢。做记号的方法有很多,如在重点词语下画线,标着重号;在有疑问的地方标上问号,如果在画线的旁边进行评论就更好了。

（2）笔记法

俗语说:好记性不如烂笔头。在阅读和听讲中借助笔记既可以有效地控制自己的认知加工过程,维持学习注意与兴趣,又有助于概括新的知识和建立新旧知识间的联系。

（3）图示法

将学习材料的主要内容用简图表示出来,以便理解与记忆。

（4）类比和比较

将容易混淆的学习材料进行对比分析。经常进行"同中之异"或"异中之同"的练习。

（5）多疑善问

"尽信书,不如无书"。保持一颗好奇的心,对阅读中的疑点大胆发问。遇到问题先进行独立思考,若实在无法解答,再请教老师和同学。

3. 合理运用组织加工策略

是否掌握了一门学科,不是看学了多少新的知识,而是看我们能否掌握整个知识的结构。形成自己的知识架构,需要不断地建构新旧知识之间的内在联系,将分散的、孤立的知识集合成一个整体,这就需要用到组织策略。研究表明,成功的大学生更习惯于运用组织策略。组织策略的方法有很多,主要有以下几种。

（1）聚类组织法

即运用归纳的方法对材料的特征或类别进行整理,分门别类。如现在有的英语词汇书用聚类法来排版,即将单词归类,如分为学习、生活、社交、体育、娱乐等,这样有利于同学们进行词汇记忆。心理学研究表明,在学习中有意识地进行知识的聚类,回忆成绩比没有聚类时更好。聚类法有利于大学生将新旧知识相互联系,构成一个整体,形成一个结构,是一种有效的学习方法。

(2) 概括组织法

大学生可以用摒弃枝节、提取要义的方式组织新的学习内容,主要有两种方法。第一种为纲要法。即列提纲,用关键而简练的语词提取材料的要义和组织纲目要点。它可以减轻学习负担,有利于抓住学习材料的精髓。东汉经学大师郑玄说"举一纲而万目张",意思是只要抓住拴系渔网的绳子(纲),整个渔网(目)就有条不紊地张开了。学习也一样,只要抓住了学习材料的纲目要点,就能"纲举目张"。第二种为网络法。即制作结构网络图,用树状式连线方式表示材料种属关系的一种组织方法。使用这种方法的关键在于先要确定种概念,然后按层次依次提取要点。心理学家布朗和戴曾经归纳了组织的五原则:略去枝节,删掉多余,代以上位(以类的概念去总括属的概念),择取要义(找主题句),自述要义。

二、创造性思维的训练

(一) 创造性思维的本质与特征

创造性思维是思维活动的高级过程,是在个人已有经验的基础上,发现新事物、创造新方法,解决问题的思维过程。创造性思维要求打破惯常的解决问题方式,将过去的经验重新加以综合,给问题以新的解答。创造性思维通常更多地或首先表现在发散性上。一般认为,创造性思维具有流畅性、变通性和独特性三个特征。

(1) 思维的流畅性。是指在限定时间内产生观念数量的多少。在短时间内产生的观念数量越多,说明思维的流畅性越大,反之,说明思维缺乏流畅性。

(2) 思维的变通性。这是一种发散思维,指头脑中产生的观念涉及面大、范围广,如:有人可以说出曲别针的三千种用途等。

(3) 思维的独特性。是指能够突破常规的思维定势,产生与众不同的观念或想法。

【考考你】

怎样才能种下四棵树,使得每棵树之间的距离相等?

(二) 创造性思维的训练

1. 增强自信心

如果你决心跟上当今的时代,做一个出色的创新人,那么从现在开始,将你走路的步伐加快 1/4。因为身体动作往往是心态的结果,加快的步伐可以改变对待自己、他人、工作的一种消极和不愉快态度,从而增强自信心,有勇气去接受各种挑战。

2. 训练发散思维

(1) 请你绞尽脑汁地去想象,"一把直尺、一把钥匙、一张名片、一根筷子、一个领带……"到底有多少种用途,至少要想象出 50 种以上,你不妨试试,看看能不能办到?

(2) 请尽可能多地画出包含"△"的东西,并说出它们的名称。

（3）请思考：怎样才能将衣服洗干净？

（4）请尽可能地说出手表可以同哪些东西组合在一起。

（5）请尽可能地说出，如果没有电话，可能会有什么后果？

3. 脑力激荡。

"三个臭皮匠，抵个诸葛亮。"一个人的智慧是有限的，如果把多个人的智慧组合在一起，那么就很容易产生新的观念和方法。因此，对于一个期待解决的问题，如果采用小组讨论的办法，一定会有效地拓宽我们的思路，提高我们的创造性，不妨试一试吧！

【试一试】

和宿舍同学讨论：怎样才能缓解城市的交通拥挤状况？方法越多越好。

自我测查 1

感觉通道偏好量表

想想以下各项是否在你身上适用，然后给符合程度估分（常常＝3分/有时＝2分/从不或极少＝1分）。

听觉通道：

解答问题时，我自言自语或是与朋友说话或是哼歌。

在听老师讲课时，我不必看着老师也能对其讲课内容集中注意力。

我通过对自己作口头复述来记忆学习内容。

学新知识的时候，我喜欢听口头讲解、录音。

我偏好使用记忆术或记忆工具来帮助自己记住课堂上的学习内容。

我最喜欢做课本中的对话阅读练习。

视觉通道：

当解答问题时，我采取一种有序有系统的方法。

上课听讲时，我尽量坐得离老师近一些，并集中注意力看老师及其讲解的内容。

我通过在心里画图画的方式记住上课内容。

当学新知识时，我喜欢先看它的演示内容。

我发现当我学习的时候，划重点最有助益。

我最喜欢浏览课本中大量的描述性插图。

触觉通道：

当解答问题时，我喜欢四处走动。

上课听讲时，我喜欢做笔记。

我通过手头实践记住上课内容。

当学新东西时喜欢亲手试验一番。

我喜欢有活动计划分派的课。

我喜欢看有活动场景的故事。

评分：

给每项打分并把总分相加，哪一项的得分最高，就表明你是哪个感觉通道偏好的学习风格。你也有可能是双通道或多通道偏好。

自我测查 2

学习动机自我诊断量表

在平时的学习中，是否存在以下情况，存在则在括号中填 A，不存在则填 B，请你根据自己的实际情况如实回答，答案没有对错之分。

（　　）1. 如果别人不督促我，我极少主动地学习。

（　　）2. 我在读书时，需要很长时间才能提起精神来。

（　　）3. 我一读书就觉得疲劳与厌烦，只想睡觉。

（　　）4. 除了老师指定的作业，我不想多看书。

（　　）5. 如果有不懂的地方，我根本不想弄懂它。

（　　）6. 我常想自己不用花太多的时间成绩也会超过别人。

（　　）7. 我迫切希望自己在短时间内就大幅度提高自己的学习成绩。

（　　）8. 我常为短时间内成绩没能提高而烦恼不已。

（　　）9. 为了及时完成某项作业，我宁愿废寝忘食，通宵达旦。

（　　）10. 为了学好功课，我放弃了许多感兴趣的活动，如体育锻炼、看电影与郊游等。

（　　）11. 我觉得读书没有意思，想去找个工作做。

（　　）12. 我常认为课本上的基础知识没啥好学的，只有高深的理论、大部头作品才带劲。

（　　）13. 我只在喜欢的科目上狠下功夫，而对不喜欢的科目放任自流。

（　　）14. 我花在课外读物上的时间比花在教科书上的时间要多得多。

（　　）15. 我把自己的时间平均分配在各科上。

（　　）16. 我给自己定下的学习目标，多数因做不到而不得不放弃。

（　　）17. 我几乎毫不费力就能实现自己的学习目标。

（　　）18. 我总是同时为实现几个学习目标忙得焦头烂额。

（　　）19. 为了对付每天的学习任务，我已经感到力不从心了。

（　　）20. 为了实现一个大目标，我不再给自己制订循序渐进的小目标。

计分规则：

每个题目若选 A 得 1 分。若选 B 得 0 分

上述 20 个题目可以分为 4 组，它们分别从 4 个方面考查学习动机的受困扰程度：

1—5 题考查学习动机是不是太弱；

6—10 题考查学习动机是不是太强；

11—15 题考查学习兴趣是否存在困扰；

16—20 题考查学习目标上是否存在困扰。

假如你对某组(每组 5 题)中的大多数题目持认同的态度,则一般说明你在相应的学习动机上存在一些不够正确的认识,或存在一定程度的困扰。

参考文献

1. 崔丽娟等.心理学是什么[M].北京:北京大学出版社,2002.

2. 吴增强.学校心理辅导通论[M].上海:上海科技教育出版社,2004.

3. 廖冉等.90 后大学生积极心理健康教程[M].北京:中国物质出版社,2012.

4. 苏碧洋.大学生心理健康教育与辅导[M].福建:厦门大学出版社,2012.

5. 吴萍娜.大学生心理健康与发展:我的大学,从"心"开始[M].福建:厦门大学出版社,2013.

第六章　大学生健全自我意识的塑造

小小日记

今天老师让我们做特别的自我介绍,我究竟是个什么样的人呢? 怎样表现自我的特别之处呢? 其实我自己都有点说不清楚,我觉得自己好平凡,扔到人堆里估计就找不到我了,好忧伤,我怎样才能跟那些站在舞台上的女孩们一样美丽自信啊,我怎么能让人一眼就记住我呢,在大学里我也可以脱胎换骨、展现风采吗? 我该从何做起呢?

点　评

我是谁,我有什么样的特点,我要干什么,我需要什么,我追求什么? 所有这一切,都是大学生自我意识的真实体现,如何形成积极的自我意识,让我们跟小小一起来学习第六章的内容吧。

学习目标

1. 了解自我意识的含义及发展过程,对自我意识有清晰的认识和理解
2. 掌握自我意识发展的特点和影响因素,了解大学生自我意识的特点
3. 培养积极正确的自我意识,获得自我意识的完善途径

学习手记

_____

_____

_____

_____

_____

_____

第一节 自我意识概述

一、自我意识及其内涵

自我意识(self-consciousness)是个体对自己身心活动的觉察,即自己对自己的认识,具体包括认识自己的生理状况、心理特征以及自己与他人的关系。例如一个人对自己的身高、体重、体态的认识,对自己的兴趣、能力、气质、性格的认识,对自己与周围人们相处的关系、自己在集体中的位置与作用的认识等,都是自我意识的具体表现。

自由意识是由两个方面来决定的,一个是主体的自我,一个是客体的自我。主体自我是人类认识自我的过程和对自己行为的调节机制;客体自我是主体作为客观存在的个体所认识到的自我,是个体在与环境、他人之间的作业中产生的,是主体通过客观反映和评价而认识的自我。

【知识卡片】 认识自己

距雅典不远有一座古希腊的圣城叫德尔斐,这里是传说中的太阳神阿波罗的驻地,但现在这座古城最有名的却是哲人塔列斯刻在太阳神圣殿外的一句传世名言:"νθι σεαυτν!"翻译成中文就是"人啊,认识你自己!"

据说,在希腊神话故事里,有一个狮身人面的怪兽,名叫斯芬克斯,他守在去德尔斐神殿的必经之路上,将神殿上的箴言化作一个谜语,询问每一个路过的人。谜面是"早晨用四只脚走路,中午用两只脚走路,傍晚用三只脚走路。"这便是当时天下最难解的斯芬克斯之谜,如果答

不出就会被他吃掉。它吃掉了很多人,直到英雄少年俄狄浦斯给出了谜底。俄狄浦斯解释说,在生命的早晨,人是一个娇嫩的婴儿,用四肢爬行。到了中午,也就是人的青壮年时期用两只脚走路。到了晚年,人变得老迈无力,以至于不得不借助拐杖的扶持,作为第三只脚,因而谜底是"人"。

这句镌刻在石碑上的人生箴言,犹如一把千年不息的火炬,表达了人类与生俱来的内在要求和至高无上的思考命题。

自我意识是人的意识发展的高级形式,是人类特有的心理活动,自我意识具有复杂的心理结构,是一个具有多维度、多层次的复杂心理系统。

1. 从意识活动的形式来看,自我意识表现为认知、情感和意志三种形式,分别称之为自我认知、自我体验和自我调控

属于认知形式的有:自我感觉、自我观察、自我概念、自我印象、自我分析和自我评价等,

统称"自我认知"。其中自我观察和自我评价是自我认知中最主要的方面,集中反映了个体自我认知乃至自我意识的发展水平,也是自我体验和自我调控的前提。

属于情感形式的有:自我感受、自爱、自信、自尊、自恃、自卑、自傲、责任感、优越感等,统称为"自我体验",以体验的形式表现出个人对自己是否悦纳的情绪,其中自尊是自我体验中最主要的方面,例如"我很讨厌自己","我喜欢我自己"等。

属于意志形式的有:自立、自主、自制、自强、自卫、自我监督、自我控制和自我教育等,可以统称为"自我调控",主要表现为个人对自己的行为、活动和态度的调控。它包括自我检查、自我监督、自我控制等。自我检查是主体在头脑中将自己的活动结果与活动目的加以比较、对照的过程。自我监督是一个人以其良心或内在的行为准则对自己的言行实行监督的过程。自我控制是主体对自身心理与行为主动的掌握。

2. 从意识活动的内容来看,自我意识又可以分为生理自我、社会自我和心理自我

【互动游戏】 我的二十行诗

请每个人根据自己的实际情况,在五分钟内写出 20 个可以最典型地形容"我是谁…"的句子。

1. 我是   2. 我是

3. 我是   4. 我是

5. 我是   6. 我是

7. 我是   8. 我是

9. 我是   10. 我是

11. 我是   12. 我是

13. 我是   14. 我是

15. 我是   16. 我是

17. 我是   18. 我是

19. 我是   20. 我是

分析这 20 个我中描述生理自我、社会自我、心理自我的各占多少,你更关注你的哪个部分?

生理自我又称为物质的自我,是指个人对自己的生理属性的意识,包括个体对体重、身高、身材、容貌等体像和性别方面的认识,对身体的痛苦、饥饿、疲倦等感觉等。

社会自我是指个体对自己社会属性的意识,包括对自己在各种社会关系中角色、地位、权利、人际距离等方面的意识,例如认识到自己的家庭出生、社会关系、社会地位、社会责任和义务等。

心理自我又称为精神自我,是个体自我意识的核心,就是个体对自己心理属性的意识,对自身心理状态的认识和评价,如能力、知识、情绪、气质、性格、理想、信念、兴趣、爱好等。心理自我是个体自我意识的核心,它使个体根据需要调节和控制自己的心理和行为,修正自己的经验和观念。

3. 从自我认知中的自我概念来看,自我意识又可分为现实自我、投射自我和理想自我

现实自我是个体从自己的立场出发对现实中的我的认识。投射自我是个体想象他人对自己的认识,以及由此而产生的自我感觉。理想自我是指个体从自己的立场出发,对将来的我的认识。

因此,自我意识就是个体对自己的身心状况和对自身与别人以及与周围世界关系的认识。

【知识卡片】 乔韩窗口理论(Johari Window)

美国心理学家 Joseph Luft 和 Harrington Ingham 提出关于人自我认识的窗口理论,被称为乔韩窗口理论。他们认为人对自己的认识是一个不断探索的过程。因为每个人的自我都有四部分:

第一部分是公开的自我,也就是透明真实的自我,这部分自己很了解,别人也很了解,如身高、肤色、年龄、婚姻状况、饮食偏好等;第二部分是盲目的自我,别人看得很清楚,自己却不了解;第三部分是秘密的自我,是自己了解但别人不了解的部分;第四部分是未知的自我,是别人和自己都不了解的潜在部分,通过一些契机可以激发出来。通过与他人分享秘密的自我,通过他人的反馈减少盲目的自我,人对自己的了解就会更多更客观。

	我知	我不知
别人知	公开区 (公我)	盲区 (盲目我)
别人不知	隐藏区 (私我)	未知区 (潜在我)

二、自我意识的产生与发展

自我意识是个体在机体生长发育,特别是脑机能的成熟过程中通过个体的社会化而形成与发展起来的,并不是与生俱来的。有研究表明,自我意识形成与发展经历了生理自我意识、心理自我意识和社会自我意识三个阶段,从发生发展到相对稳定,大约要经过二十多年的时间。

(一)生理的自我意识阶段(1—3岁)

人初生时,并不能区分自己和非自己的东西,生活在主客体未分化的状态,他们经常摆弄自己的手指,并把它们放进嘴里吮吸,但并不知道手指是自己身体的一部分,而把它们当作玩具;1岁左右的婴儿,才开始把自己的动作和动作的对象加以区别,意识到自己的手指与脚趾是自己身体的一部分,这是自我意识的最初级形态;1岁半左右的儿童听到自己的名字会明确做出反应,表明他们能把自己和别人相区别,儿童会使用自己的名字,是自我意识发展中的巨大飞跃;2岁左右的儿童,掌握第一人称代词"我"和物主代词"我的"的使用,这在自我意识的形成在又一大飞跃,即从把自己看作是客体转变为把自己当作主体来认识,这标志着他们真正的自我意识的出现;3岁左右的儿童,开始出现羞耻感、占有心,要求自主性,其自我意识有新

大学生积极心理教育

的发展。但是,这一时期幼儿的行为是一种自我为中心的行为,以自己的身体为中心,以自己的想法和情感来认识和投射外部世界。因此,这一时期被认为是"生理自我"时期,也有人称之为"自我中心期",它是自我意识最原始的形态。

【知识卡片】 点红实验

客体自我开始出现的标志表现在"点红鼻子实验"中,实验者在 88 名 3—24 个月的婴儿鼻子上点一红点,然后观察他们照镜子时的反应,并对其中 2 名 12 个月的婴儿作追踪研究。结果发现,15—24 个月的婴儿会对着镜子观看自己的身体,并对着镜子触摸自己的鼻子。研究者认为,这是婴儿出现自我意识的自我认识的表现(Amsterdam,1972)。

(二) 社会的自我意识阶段(3—14 岁左右)

从 3 岁到青春期,是个体接受社会教化影响最深的时期,也是角色学习的重要时期。他们在幼儿园、小学、中学接受正规教育,通过在游戏、学习、劳动等活动中不断练习、模仿和认同,逐渐习得社会规范,形成各种角色观念,并能有意识地调节和控制自己的行动。虽然青春期少年开始积极关注自己的内心世界,但他们主要是从别人的观点中评价事物,认识他人,对自己的认识也服从于权威或同班的评价,尽量使自己的行为符合社会的标准。因此,这一时期个体自我意识的发展被称为"社会自我"发展阶段,也称为"客观化"时期。

(三) 心理的自我意识阶段(14—25 岁左右)

从青春期到青春后期,是自我意识发展的关键时期。此阶段,个体的生理和心理上都发生急剧变化,如性意识的觉醒、身体外形的变化、抽象思维能力和想象力的提升。期间,自我意识经过分化、矛盾、统一而趋于成熟,个体开始清晰地意识到自己的内心世界,关注自己的内在体验,喜欢用自己的眼光和观点去认识和评价外部世界,开始有明确的价值探索和追求,强烈要求独立,产生了自我塑造、自我教育的紧迫感和实现自我目标的驱动力,自我概念逐渐形成。这一时期被称为"心理自我"发展时期,也被称为自我意识"主观化"时期。

三、自我意识的功能

自我意识在个性结构中处于核心地位,是个体心理的调节系统,个体的心理、行为总是受着自我意识的影响。自我意识在个体发展中有十分重要的作用。

(一) 提高个体的认识活动

自我意识使人们发现"自我"的独一无二、与众不同,可能会让个体感到自信或孤独。由于个体时而感到"内在"自我和"外在"行为的种种不符或冲突,才会产生"苦闷"、"彷徨"等新的情感。人不仅能对外部世界的对象进行感知、记忆、想象和思维,人还能对自己的这些认识过程进行认知,即对这些过程加以分析、监督和调整。通过对自身认识过程的认知,人就有可能发现原有认识活动的不足,可能选择和运用更好的认知策略,从而使认知活动更加完善,更加有效。

（二）保持个体行为的一致性

每一个体都生活在纷繁复杂的环境中，对于作用于个体的多种多样的信息，究竟接受哪些，不接受哪些，或对某种信息做出什么样的反应，在一定程度上受自我意识的影响。人通过正确的自我认识，确立较为合理的"理想自我"，就为个人将来的发展确定了目标，对个人的认知、情感、意志、行动会产生很大影响，是个体活动的动力。另外，自我意识健全的个体在从事一项活动之前，活动的目的和结果就以观念的形式存在于头脑之中了，并依此指导自己的活动，以激发起强大的动力，从而达到预期的目标。

（三）调控个体趋于完善

正是由于人具有自我意识，才能使人对自己的思想和行为进行自我控制和调节，使自己形成完整的个性。个体因为有了自我意识，不仅能对作用于主体的客观对象产生相应的心理和行为，而且还能对自身的心理、行为进行调节。由于主客观条件的制约，"理想自我"的实现常常会遇到各种障碍，致使个体产生不同程度的挫折感。这时，自我意识就会对自己的认识、情感、意志、行为等进行反省，找到受挫折的主客观原因，检点自己正在思考的内容和方式是否恰当，并重新调整认识，形成新的"理想自我"，使其与"现实自我"趋于统一。内省和调节就是个体成长中所进行的自我监督和自我教育，每个人要想使自己成为自我实现的人，就需要有积极的自我意识，随时对自我的认识、情感、意志和行为加以反省和调节，扬长避短，才能最终达到自我完善。

第二节　大学生自我意识的领悟与发展

一、大学生自我意识的特点

（一）自我认识的主动性和自我评价的客观性

进入高校的大学生刚刚摆脱中学时期沉重的学业压力，开始用更多的时间围绕个人发展、个人与社会的关系积极主动地探索着自我，呈现出自觉性和主动性。他们尤为关注："我是一个什么样的人"。为了认识自我、发展自我，大学生自觉而主动地把自己和周围的同学、老师进行比较，并把他们作为自己学习的榜样，力图将社会的期望内化为自我的品质。

随着知识面的拓宽和生活经验的积累，感性与理性趋于成熟，多数大学生对自己的分析评价逐渐变得客观、全面，并能够按照自我和社会的要求发展自我。但是大学生心理发展尚未完全成熟、稳定，对社会和自我的认知仍有许多不全面之处，自我评价能力还存在着很大的个体差异，个别同学会出现毫无根据地高估自己或不切实际得低估自己，从而不能有效地发挥自己的潜力和才能。

（二）自我体验丰富性和波动性

大学生丰富多彩的学习生活为他们发展自我体验的丰富性提供了有利条件。他们不仅有肯定的和否定的自我体验，有积极的和消极的自我体验，还有积极的和消极的自我体验，紧张和轻松，敏感与迟钝等自我体验。

同时，由于大学生对自我的认识还在不断进行中，个性还不够成熟和稳定，也缺乏驾驭情感的意志力量，因此，情感体验表现出明显的敏感性和波动性。他们可能因一时的成功而产生积极的、愉快的情感体验,甚至骄傲自满、忘乎所以;也可能因一时的挫折、失败而低估自我或丧失自信心,甚至悲观失望。

(三)自我调控的自觉性和独立性

相对于高中生而言,大学生的自控能力有了较大的提高。在以学习自主和生活自理为主的高校环境中,大学生能够科学合理地安排学习、组织活动、料理生活、解决问题,能制订相应的计划并自觉付诸行动,他们能够按照一定的标准和要求长期有效地控制自己的心理、语言和行为,使之服务于理想自我的实现。另一方面,他们强烈要求独立和自立,希望摆脱幼稚性和对成人的依赖,希望通过自己的言论、行动,运用自己的双手和智慧摆脱依赖和约束,去实现自己的价值。

二、大学生自我意识的发展规律

大学阶段是自我意识迅速发展的特殊时期和关键时期。随着青少年身体的迅猛成长与性的发育成熟,以及社会和成年人对其态度的改变,青少年越来越把注意力指向自身,把自身变成意识的对象,他们的自我意识经历着一个明显而典型的分化、矛盾、统一与转化的过程,每一次分化与统一,都意味着自我在质上的一种转化和提高,它推动着大学生个体自我意识迅速发展并趋向成熟和稳定。

(一)自我意识的分化

自我意识的分化是自我意识开始走向成熟的标志。此时,儿童时期那种笼统的、较稳定的"我"被打破了,出现了两个不同的"我"。从自我观察的角度说,分化成"主体的我"——我是谁,我做什么;"客体的我"——别人怎样看我,父母期望我如何等。这样,一个人既是自我的观察者,又是被观察的对象。这就为大学生客观评价自己和他人,合理调节自身的行为和活动奠定了基础。从自我发展状况的角度说,分化成"理想自我"——我希望成为一个怎样的人;"现实自我"——我现在是怎样一个人。

自我意识的分化使大学生主动地、迅速地对自己的内心世界和行为具有了新的意识,开始意识到那些以前没有注意过的、没有为之引起过思想波动的"我"的许多方面和细节。于是,自我内心活动复杂了,自我沉思、内省的时间明显增多了,并开始考虑自己应该怎样做,能怎样做和不应怎样做等人生问题。

(二)自我意识的矛盾

由于自我意识的分化,"主体我"和"客体我","理想我"和"现实我"之间的种种矛盾开始出现,随着自我意识的进一步发展,这种矛盾也越来越突出。在这种矛盾心理的作用下,大学生对自己的评价也常常是矛盾的,态度也是波动的,有时过高地评价自己,但遇到一点挫折的时候,又会过低地评价自己,情绪变化幅度比较大,常常会引发不安及痛苦体验。

(三)自我意识的统一

自我意识的分化、自我意识的矛盾所带来的痛苦不断促使大学生寻求方法来重新认识自己,自觉或不自觉地调节矛盾来统一自我。从多维度观察,自我同一性越高,大学生自我意识的发展越好,人格越完善。但是,由于大学生的成长背景、家庭教养方式、社会经济地位、个人人生志向、职业目标的不同,他们的自我意识整合的结果与类型也不同,从自我意识的性质看,大学生的整合结果表现在四个方面:

1. 自我肯定型

这类大学生有正确的理想自我,对现实自我的认识比较全面、客观,理想自我与现实自我能够通过积极地努力达到。

2. 自我否定型

这类大学生对现实自我的评价过低,理想自我远远高于现实自我,经努力仍无法拉近两者的距离,或者两者距离虽不大,但主观上缺乏自我驾驭能力,心理常呈现出一种消极的防御状态,这些同学只想通过简单的努力去实现理想自我,他们自卑感很重,对自己缺乏信心,极易悲观失望,因而一遇到困难、挫折便会灰心丧气,在一定程度上放弃理想自我而迁就现实自我,以求得自我意识的统一。

3. 自我扩张型

这类大学生过度地高估了现实自我,以致形成虚妄的判断,确立一个不切实际的理想自我,并认为理想自我的实现轻而易举,因而自吹自擂,看不起别人,自以为现实自我与理想自我很近,但其实还相差很远。他们可能会用违反社会道德甚至违法犯罪的手段谋求理想自我与现实自我的统一。

4. 自我萎缩性

这类大学生表现为理想自我极度缺乏或丧失,对现实自我又极为不满。他们认为理想自我难以实现,甚至无法实现,于是要么放弃对理想自我的追求,消极放任,玩世不恭,要么自轻自贱,自怨自艾,出现自我拒绝心理,即理想自我与现实自我的抵抗。

【知识卡片】 埃里克森人生发展八阶段理论

美国心理学家埃里克森将人的一生从婴儿期到老年期划分为八个发展阶段,依次为婴儿前期、婴儿后期、幼儿期、儿童期、青少年期、成年前期、成年中期和成年后期。他认为人的心理发展的每个阶段都是人生的一个转折期,个体都面临着重要的生活任务,需要个体去加以解决,如果顺利度过危机,人们就会形成相应的积极品质,反之,就会形成消极的心理品质。

表2-1 埃里克森的自我意识发展八个阶段

阶　　段	问题与危机	积极解决危机	解决危机失败
婴儿前期(0—2岁)	信赖对怀疑	希望	怀疑
婴儿后期(2—4岁)	自主对羞耻	自我监控/意志	自我怀疑
幼儿期(4—7岁)	主动对内疚	生活指向/目标	无价值感
童年期(7—12岁)	勤奋(自信)对自卑	能力	无能
青少年期(12—18岁)	自我同一感对角色混乱	忠诚	不确定感
成年早期(18—25岁)	亲密感对孤独感	爱	泛爱/封闭
成年中期(25—50岁)	繁衍感对停滞感	关心他人	自私自利
成年后期(50岁以后)	完善感对失望感	智慧	失望/无意义感

自我同一性是大学生寻求自我了解与自我追寻的必然历程,对大学生人生价值的选择,理想信念的树立有着积极意义,如果大学生不能确立良好的自我同一性,就会对社会的主导价值表示怀疑,极易造成生活没有重心,摇摆不定。

自我意识的矛盾冲突,常常会给大学生带来不安或心理痛苦,他们总是力图通过自我探索来摆脱这种不安和痛苦。在自我意识的矛盾冲突中,大学生的自我意识也在不断调整、发展。而在自我意识的不断调整、发展的过程中,他们极易寻求新的支点,寻找自我意识的统一点,整合自我意识。

三、大学生自我意识的偏差

(一) 自我认识的偏差: 自我中心与从众心理

随着自我意识的发展,个体越来越多地将关注的中心投向自我,尤其是大学生过多的自省可能会容易出现自我中心倾向。自我中心的人凡事从自我出发,不能设身处地地进行客观思考。他们往往以领袖的身份出现,盛气凌人,自私自利,处事总认为自己对,别人错,喜欢把自己的意志强加于别人,在人际交往中得不到他人的好感和信任,做事难以得到他人的帮助,易遭挫折,导致众叛亲离、关系紧张的恶果。

与自我中心相反,有些大学生过于看重"人言",反而丧失了自我,为了得到他人的认可,常常表现出随大流,人云亦云。青少年群体特别需要得到群体的认可,从众是帮助其取得认可的一种方式。但是从众心理过强,则会缺乏独立意向,懒于思考,长此以往,只会阻碍自主性和创造意识的发展。学习从众、兴趣从众、择业从众、恋爱从众、打扮从众,甚至作弊、犯法也从众的现象在高校学生中屡见不鲜。

【知识卡片】 从众实验

心理学家阿希(1951)关于知觉方面的从众实验最为著名。典型的实验材料是 18 套卡片,每套两张,一张画有标准线段,另一张画有比较线数。被试 7 人一组,其中 6 人是实验助手(即假被试),第 7 人是真正的被试。被试的任务是,在每呈现一套卡片时,判断 a,b,c 三条线段的哪一条与标准线段 x 等长。

实验开始前几次判断,大家都做出了正确的选择,从第 7 次开始,假被试(助手)故意做出错误的选择,实验者开始观察真被试的选择是独立还是从众。面对这一实验情境,真被试在做出反应前需要考虑以下三个问题:是自己的眼睛有问题,还是别人的眼睛有问题? 是相信多数人的判断,还是相信自己的判断? 在确信多数人的判断是错误时,能否坚持自己的独立性?阿希从 1951 年开始,1956、1958 年又多次重复这项实验,结果发现:

- 大约有 1/4—1/3 的被试始终保持独立性,无从众行为;
- 约有 15％的被试平均作了总数 3/4 次的从众行为;
- 所有被试平均作了总数 1/3 的从众行为。

(二) 自我体验的偏差：自负与自卑心理

当代高校学生思想观念变化巨大,敢于打破常规,对自己过于自信,过高地估计了自己的价值与能力,自认为自己掌握了较高的专业知识和业务素质,具备了较强的自我认知能力与评价能力,因此表现出严重的自傲、自负心理。他们缺乏自我批评,和不允许别人批评,唯我独尊,把自己的意志强加于别人,回避或否认自己的缺点。

与此形成鲜明对比的是自卑。自卑的浅层感受是别人瞧不起自己,而深层体验是自己看不起自己。他们只看到自我的缺点而忽略了自我的长处,不喜欢自己,全盘否定自己,自暴自弃,精神不振,自惭形秽,感觉自己处处不如人,因而在交往时表现出的自我心理常常是防御性的,如胆怯、焦虑、怀疑、嫉妒、恐惧、回避等。他们在社交场合,往往不敢抛头露面,害怕当众出丑,如果受到耻笑和侮辱,更是消极回避,忍气吞声。自卑者往往压抑自身能量的释放,消极等待别人的亲近,致使交往机会擦肩而过。比如有些男生身材矮小就觉得自己一辈子低人一等;有些家庭困难的学生就避讳和别人谈论家庭;有些学生觉得自己学历较低,自我介绍时从不说自己来自哪个学校等。

小案例

小A来自偏远农村,家里贫困,父母为了能让他读书,东拼西凑借齐学费,但供不起小A的生活费,于是小A就找了几份兼职来挣钱谋生,但他的生活还是过得紧巴巴的。小A平常生活非常节俭,不舍得多花一毛钱,可他回到宿舍听着舍友们谈论着自己从来没有听说过的名牌,吃着自己从来没舍得买过的零食,他感到万分自卑。同学们谈论的一些话题他闻所未闻,根本插不上话。从此,小A不再跟舍友一起聊天一起吃饭了。渐渐地,变得形单影只,开始怀疑自己读大学的必要性和奋斗的价值,觉得自己没有一点儿自信心过好大学生活,想放弃。舍友和同学都以为他内向,喜欢独来独往,不爱搭理别人,于是也就很少主动和他接触了。

分析:小A在学校因为自己的生活状况而担心被同学瞧不起,从而对室友采取回避的态度,追根究底也是因为他内心深处的自卑情结在作祟。这种回避态度使得他室友们认为是他内向而不易亲近,这样小A自然不会有朋友。但小A却没有找到自己的症结所在,他应该树立正确的自我意识,即接纳自己,也接纳别人,帮助自己建立积极自信的心理。

(三) 自我控制的偏差：逆反心理与过分依赖

逆反心理是大学生自我意识发展的产物,其实质是为了寻求独立,寻求自我肯定,为了保护新发现的正在逐渐形成的但还比较脆弱的自我,抵抗和排除在他们看来压抑自己的那种外在力量,这是青年阶段心理发展的必然现象,但逆反心理过度的大学生对事物采取非理智的反应方式:在外在要求的内容上,不评价正确与错误、精华与糟粕,一概排斥;在手段上,只是简单地拒绝和对抗,情绪成分大;在目的上,只是为了反抗而反抗,逆反的对象多是家长、老师、社会宣传的观念和典型人物等外界权威,其结果是阻碍了他们学习新的或正确的经验,不利于其健康成长。

但是由于当代大学生从小生活在父母无微不至的关怀下,经济上依赖父母,生活上的很多方面也是由父母包办,再加上长期的校园生活使他们应有的社会阅历与经验相对匮乏,当应激事件出现时,很多学生普遍缺乏生活自理能力和心理准备,盼望亲人、老师、同学能够替自己分忧,表现为对父母和学校的过分依赖。

第三节 大学生积极自我意识的培养

一、影响大学生自我意识发展的因素

自我意识对人的心理健康起着很重要的作用,它制约着人格的形成发展,在人格的优化中发挥着强大的动力功能。大学生出现自我意识困扰的心理是多种多样的,产生这种心理的原因也是多种多样的,是生理因素、个体倾向性、人际环境、文化氛围等诸因素相互作用的结果。

(一) 生理特点

对于一个发育正常、健康的个体来说,别人不会认为其有什么特殊,个体本身也不会发现自己与别人有什么不同,也就不会有积极或消极的评价和体验。而对于一个发育异常和有残疾的孩子来说,他会从自己与他人的比较中发现不同。有的学生觉得自己太胖,不愿参加文体活动;有的学生觉得自己长得太丑,不愿与同学交往,这都是生理因素的作用。

(二) 个体倾向性

个体倾向性包括需要、动机、兴趣、理想、信念、世界观和人生观。青少年时期是一个人理想、信念和世界观形成到成熟的时期。理想、信念和世界观一旦形成,决定了青少年成为怎样的人,准备如何实施,从而及时调整自我理想,深化自我认识,实现和超越自我。

(三) 人际环境

人际环境主要指个人成长中的重要他人及其人际氛围,如家庭、学校、团体等。家庭关系和父母的教育方式是个人从儿童时期起获取自我价值的来源;教师、同伴的认同和接纳在很大程度上影响着个人的自尊、自信等心理品质;此外,集体地位、学习体验是大学生自我同一性形成的重要影响因素,这些因素常常以积淀的潜意识的形式影响着个人的自我意识、自我认知和自我体验。

(四) 文化氛围

文化是一种使生活差异化的一整套共同观念、习俗、信仰和知识体系,也可视为一种习惯化的生活方式。我国的主导文化一是社会主义思想体系,受这一思想的影响,当前青年学生自我意识主流是奋发向上,推动社会进步。二是社会亚文化的影响。一般来说,亚文化与主文化的可融性较少，并常常以反主流或逆主流文化的面孔出现，青年学生难免受影响。一部分学生渐渐难以找到自己的准确定位，对自我认知与评价不免偏颇。三是受西方文化思潮的影响。部分学生能正确分析对待，另一部分学生则会丧失自己的原则，过分追求个人利益。

应该看到，大学生在自我意识发展过程中出现的这样那样的困扰，是其心理发展还不成熟的表现，是由他们的身心发展状况、家庭、学校等种种原因所决定的，这些因素既可以促进大学生心理迅速成熟，也可能成为自我健康发展的阻力。因此，需要重视、引导和调适，只有这样，才能促进大学生心理的发展和成熟，达到自我的统一和发展。

二、大学生积极自我意识的培养

老子说："知人者智，自知者明。"一个人要认识他人，认识客观事物，尚属不易，需依靠智慧的力量，而要认识自己，乃至改造自己，则更为困难，非凭借人所独有的自我意识不可。自我意识是隐藏在个体内心深处的心理结构，它是人的意识发展的高级阶段，是人格的自我调控系统。个体正是通过自我意识来认识，调节自己，在环境中获得动态平衡，求得独特发展的。

（一）正确的自我认知

自我意识健全的人，应该是一个有自知之明的人，既知道自己的优势，也知道自己的劣势，能正确评价自我和自我发展。可以从以下几点来帮助自己认识自己。

1. 通过认识别人，把别人与自己加以对照来认识自己

人最初是以别人来反映自己的。个体往往把对他人的认识迁移到自己身上，像认识他人那样来"客观"地认识自己。如当看到别人对长者很有礼貌并受到大家称赞时，就来对照反思自己的言行，从而认识到自己平时对长者的态度。经过多次对比，就会促进个体对自我的认识，形成相应的自我概念。

2. 通过分析别人对自己的评价来认识自己

一个人对自己的认识，在很大程度受他人评价的影响。这如同人对着镜子来认识自己的模样一样，儿童认识自己是把别人对自己的评价当作一面镜子，来不断认识自我的，包括自己的优点和缺点。由于人的活动范围比较大，经常从属于不同的团体，接触不同的人，每个团体、每个人对你的评价就是一面镜子，这样就可以通过不同的镜子来照出多个自我，这样，个体就能较全面地认识自己，从而促使自我意识的不断发展。

3. 通过考察自己的言行和活动的成效来认识自己

自我意识是个体实践活动的反映。自己在实践活动中的表现和取得的成果也会成为一面镜子，通过这面镜子能反映出自己的体力、智能、情感、意志和品德等特性，从而使之成为自我认识、评价的对象。如一个学生，在学习上或一项竞赛中取得了好成绩，他会从中体验到一种自信，对自己和自己的能力就会有新的认识。

4. 通过自我监督与自我教育来完善自己

个体通过以上几方面的途径，在不断地反省自己中，发现现实自我与理想自我的差距，一方面通过自我监督，来克制、约束自我，服从既定目标；另一方面通过自我教育，按社会要求对

客体自我自觉实施教育,以实现现实自我与理想自我的积极统一。总之,自我监督,着眼于"克制",而自我教育,着眼于"发展",二者共同承担自我意识不断完善的任务。

(二) 客观的自我评价

一个人必须在建立正确的自我认知基础上,实现正确的自我悦纳、积极的自我体验、有效的自我控制。自我悦纳是自我意识健康发展的关键所在。自我悦纳有利于个性全面均衡地发展,有利于身心健康,还可以帮助个体培养自信、自强、民主、自立等优良的心理品质,促进自我发展和自我完善。悦纳自我首先要接纳自己,喜欢自己,欣赏自己,体会自我的独特性,在此基础上体验价值感、幸福感、愉快感与满足感;其次是理智与客观地对待自己的长处与不足,冷静地看待得与失。在生活中注重自我,自我意识是将注意力集中在自我的一种状态。积极的策略是:关注你自己的成功,并将优势积累,每个人身上都有着无数的闪光点,重点在于寻找你自己的闪光点并将其构成亮丽的人生风景线。

【启迪故事】 画廊评画

有一位画家把自己的画放到画廊上请人点评。第一天,他请人们把败笔之处圈出来,结果一天下来,几乎画的每一个角落都被圈了出来,画家觉得非常沮丧。画家的老师对他说:"不要沮丧,明天你再把这幅画重新拿出来,让人们将精彩的部分都圈出来。"结果一天下来,画的每个角落又都被圈出来了。

这时候画家终于明白了,人的观点难于统一,最关键是要有自己的想法自己想画的东西。当我们自己不能很好地认识自己时,就会被别人所左右。

(三) 积极的自我提升

提高自我效能感是个体在一定情境下对自我完成某项工作的期望与预期。当人们期望自己成功时,他必然会尽自己最大的努力并且当面临挑战性任务时,会表现出更强的坚韧性,从而增加了成功的可能性,自我效能感高的人一般学业期望较高,也就是说,自我效能感与成就动机呈正相关性。

如何建立积极的自我形象

1. 珍惜自己的独特性;

2. 接纳自己的缺点和限制,欣赏自己的优点;

3. 建立实际的目标、不对自己有过高的要求;

4. 扩大社交圈子;

5. 不应为讨好他人喜欢而去做事;

6. 接纳失败,勇于尝试;

7. 多对自己的成就做出鼓励和奖赏;

8. 对过去的错失不再耿耿于怀；

9. 学习积极的思想；

10. 定期反省个人的自我成长。

另一条途径是克服自我障碍。我们经常会有这样的感觉,体验对自己能力程度的焦虑带来的不安全感,这便是一种自我障碍。我们听说了太多的这样的故事:由于考试前身体不好,所以在大考中没有取得好成绩。这便是典型的自我障碍,为自己的考试不成功找到了适当的借口。一个渴望自我发展的人必须主动克服自我障碍,进行积极的自我提升与自我尝试。积极的自我在尝试中会发现自己的新的支点。

(四) 关注自我成长

自我的发展需要不断地自我反思、自我监控。但将成长作为一条线索贯穿于人的始终时,整理自己成长的轨迹显得尤为重要。依照发展过程,深刻了解与把握自己。要记住:自我体验永远是个体的,当我们在分享他人自我成长的硕果时,也在促进我们自己的成长。

活动与拓展

【主题】美丽拼图

【目标】促进学生全面认识自我,逐步确立自我认同感,不断完善人格。

【活动过程】

从杂志和报纸上,根据需要剪裁图画、文字,并在白纸上拼贴成能表现出自己形象的作品——我是一个怎样的人、我有什么特点等。完成后展示自己的作品,解释制作的原因和动机,并且让同学、朋友或家人做出评价。

课外资源

【心书推荐】

1. 张德芬. 遇见未知的自己[M]. 华夏出版社,2008.

2. 果壳 Guokr.com. 我知道你不知道的自己在想什么[M]. 浙江大学出版社,2011.

3. (美)蓝,(美)拉斐洛维奇. 内在小孩:在荷欧波诺波诺中遇见真正的自己[M]. 刘涤昭,译. 华夏出版社,2014.

【观影疗心】

1. 蒙娜丽莎的微笑,2003 年,导演:迈克·内威尔

2. 跳出我天地,2000 年,导演:史蒂芬·戴德利

3. 阿甘正传,1994 年,导演:罗伯特·泽米吉斯

你知道自己的心理年龄吗?

本测试共20题。下列题目中,每题都有3个备选答案。根据你的实际情况,选择一个最适合你的答案,答案后面的数字代表选择该答案的得分。

1. 你喜欢什么类型的人?

A. 我常被那些比自己更强的人吸引　　1

B. 我较喜欢接近那些看上去喜欢和尊敬我的人　　3

C. 我喜欢那些看来需要我的人　　5

2. 你正试图向一个朋友解释一个重要问题,他不赞成也不理解。你会:

A. 继续解释　　5

B. 觉得受伤或生气,不再说话　　1

C. 回避这个问题　　3

3. 假如你和朋友聚会,你开始觉得情绪低落了。你会:

A. 请求原谅并尽快离开　　3

B. 宁可痛苦也要作陪,直到最后　　1

C. 强作欢笑,不让人注意到你的情绪　　5

4. 当你病倒在床时,你最喜欢下列哪种生活方式:

A. 喜欢被人们忙着伺候　　1

B. 喜欢自己一个人静静待着　　5

C. 喜欢被人注意、照顾,但宁愿看看书和搞点别的消遣　　3

5. 每个人对吃饭都有比较固定的习惯,下列哪种情况与你最相符?

A. 我喜欢妈妈一直为我做某种食物　　1

B. 只要是好吃的,我全都爱吃　　3

C. 我最喜欢自己做的饭菜　　5

6. 在学校里遇到了烦恼,结束后你会:

A. 出去散心,忘掉烦恼　　5

B. 希望回家得到安慰　　1

C. 去找个朋友倾吐一下心中的不快　　3

7. 你一直在取笑一个好脾气的朋友,而他或她突然与你吵起来。你会:

A. 觉得难堪　　1

B. 和他(她)吵　　3

C. 把这归罪于自己,并力图弥补过失　　5

8. 某个你刚认识的人,吃力地想教导你某件你很清楚的事。你会:

A. 告诉他你早知道　　3

B. 不说什么,但也不听　　1

C. 等他讲完,再显示你对此道非常精通　　　5

9. 如果你得了一笔奖学金,你会:

A. 存起来　　　3

B. 用来买你一直想要但并非必需的东西　　　1

C. 用来买生活必需用品　　　5

10. 下列哪种活动最使你感兴趣?

A. 能使你跟别人接触的任何活动　　　3

B. 摆脱学习压力,进入纯粹愉快的活动　　　1

C. 组织运动或其他有益的活动,像种花、做木工活等等　　　5

11. 如果一个朋友说了有辱你的话,你会怎样?

A. 愤恨地与他绝交　　　5

B. 不管这话多么可笑,都在心里很难过　　　1

C. 不知道该怎么说　　　3

12. 你最关心的那个人是不是:

A. 与你相比,他(她)更需要你　　　5

B. 与你相比,他(她)同等需要你　　　3

C. 与你相比,你更需要他(她)　　　1

13. 你与某个人近来关系非常密切,你的一位老朋友对此人早有了解,他关心你并对你提出警告。你会:

A. 反感地听他讲　　　5

B. 听从他说的任何事　　　3

C. 反对他说的任何事　　　1

14. 收到了意外的礼物,你会怎样?

A. 想一想该回敬些什么　　　5

B. 感到高兴　　　1

C. 想想送礼者要些什么　　　3

15. 你已经安排好了假日的日程,但离假日还有一个月,你会不会:

A. 感到如此激动,以至于这期间的日子看起来那么烦人和漫长　　　1

B. 花很多时间去想象你将要做的事　　　3

C. 在此期间仍然像往常那样过日子　　　5

16. 一个朋友在最后一分钟取消了跟你的约会,而且毫无正当的理由,你会想:

A. 他(她)找到了更好的事情　　　1

B. 他(她)遇到了什么麻烦　　　5

C. 他(她)有点没头脑,但你并不会为此很烦恼　　　3

17. 当你对某事发生兴趣时,你会:

A. 努力做这件事,长时间紧追不舍　　　5

B. 投入进去,但很快失去了热情　　1

C. 有时 A,有时 B,还要看是什么兴趣　　3

18. 你怎样看待自己,下列哪种情况与你最相符?

A. 可惜没有遇到机会,不然我会做出更大的成绩来,而不是像现在这样　　1

B. 我取得的一切都跟我长期的努力相符　　5

C. 我花费着大量的时间做着我不想做的事　　3

19. 一位朋友指出了你某种令人讨厌的缺点,你会:

A. 感到愤恨　　5

B. 烦恼并一度感到羞惭　　1

C. 去问问另一个朋友这是否真实　　3

20. 你很想跟某人成为好朋友,后来邀请他(她)去参加聚会,可被拒绝了,你会:

A. 觉得自己真傻　　1

B. 不知道自己做了什么事使他(她)反感,但对此并不十分难过　　3

C. 耸耸肩膀对自己说,世界上又不是只有他(她)一个　　5

评分:

20—45 分:你的实际心理年龄仍然稳定在儿童状态。你爱听赞扬,总想取悦别人,有许多不切实际的想法,特别渴望在感情上得到安慰。

46—75 分:你的内心世界是青少年状态,既需要独立自主,又需要关心、爱护,存在着矛盾的性格倾向,情绪变化大,不稳定。

76—100 分:你很成熟,处理日常问题时相当老练。理性占优势,有很强的责任心。

参考文献

1. 蒋湘祁.当代大学生心理健康教育[M].上海:华东师范大学出版社,2012.

2. 连榕,张本钰.大学生心理健康[M].北京:北京师范大学出版社,2012.

3. 方平.自助与成长——大学生心理健康成长[M].北京:教育科学出版社,2010.

4. 李鹤展,万崇华.当代大学生心理健康教育[M].长春:东北师范大学出版社,2012.

5. 沈德利.现代大学生心理健康教程[M].北京:人民教育出版社,2007.

第七章 大学生健康恋爱与性心理健康

　　我又遇到他了,这已经是今天的第三次偶遇了,每次一看到他我就心跳加速,只知道傻笑,也不懂该跟他说些什么,但是我却能清晰地记起跟他每一次见面的场景,舍友们起哄说让我大胆告诉他,可是我不敢,好害怕他知道后会不理我,他对我是什么感觉呢? 我该怎么面对他啊,好伤脑筋……

点　评

　　"问世间情为何物? 直教人生死相许。"爱情是一个古老又永恒的课题,作为人类最具魅力的社会现象,它蕴含着极其丰富的内容。那么,如何处理好学业与恋爱的关系? 怎样正确地与异性交往? 本章将带你走进爱情的海洋,了解爱情的真谛,体验恋爱的魅力,学习爱的艺术。

学习目标

1. 正确认识爱情与恋爱
2. 培养健康的恋爱心理与行为
3. 了解性心理的发展,积极面对性心理问题

学习手记

第一节　了解爱情的真谛

一、爱情的本质

所谓爱情,就是一对男女之间,基于一定的社会关系和共同的生活理想,在各自内心中形成的对对方最真挚的倾慕,并渴望对方成为自己终身伴侣的最强烈的感情。爱情是两颗心灵相互向往、吸引,达到精神升华的产物,是人类特有的一种高尚的精神生活。

爱情是性爱和情爱的结合,其心理结构如图:

$$\left.\begin{array}{r}\text{倾慕＋怜惜＋性欲＝性爱} \\ ＋ \\ \text{理想＋情操＋个性＝情爱}\end{array}\right\}＝\text{爱情}$$

爱情的生理因素是人的性欲,它构成了男女相互倾慕、相互爱恋的基础和原始动力。爱情的心理因素是思想吸引、心理相容。人类的爱具有很强的选择性,人们首先必须按一定的标准选取对象,而后通过恋爱做进一步考察,最后才缔结婚姻。这种选择和考察主要是针对对方的思想、感情、性格气质等人格特征而言的。另外,爱情的社会因素也有着丰富的内涵。首先,人类的爱是在社会交往活动中萌发的。其次,人类的爱情生活受社会的道德和法律制约。在恋爱阶段,恋人的行为受道德规范制约,若有违反就要受到舆论的谴责。再次,爱情生活所采取的形式是社会的,人们是通过合法合理的形式来满足性欲,恋爱、婚姻、家庭就是爱情的社会形式。

因此,爱情的定义可表述为:爱情是建立在生理、心理和社会综合需要基础之上的、使人能获得强烈的生理和心理享受的稳定而持久的情感,这也就是爱情的心理实质。

【知识卡片】　三种爱情观

爱情是人类永恒的话题,人们把最美的赞喻赋予她。莫里哀称"爱情是一位伟大的导师",巴尔扎克说"爱情是人生最难的学校"。至于何为爱情,人类理论研究至今,主要有以下三种爱情观:

一是超理性主义的爱情观。以柏拉图式的爱为典型代表。主张把性欲完全排斥在爱情之外。认为性欲是低级的兽性,爱情是一种丝毫不带兽性的高尚精神活动。这种主张非肉体的完的精神的结合,是欧洲中世纪封建禁欲主义的产物。

二是自然主义即泛性论的爱情观。以斯宾诺莎、休谟和庸俗纵欲主义者的"杯水主义"为代表。他们完全以性本能来定义男女之间的爱情,认为"性欲付诸实践叫爱情",满足性欲和恋爱的要求就像喝杯水那样容易。"性解放"论正是这种爱情观的典型。18世纪19世纪这种爱情观在西方曾一度盛行,20世纪下半叶,随着性解放造成诸多社会问题,特别是艾滋病的蔓延,引起西方理论界的重视,西方开始了对性解放的批判。

三是性爱与情爱相结合的爱情观。以沃尔斯特、沙赫特等为代表，马克思、恩格斯也赞同这种爱情观。他们认为爱情是男女双方之间真挚诚实、相互爱悦的，渴望对方成为自己终身伴侣的一种最强烈、最深沉、最稳定、最专一的高尚感情。爱情是情爱与性爱的统一，是灵与肉的有机的高度和谐的结合。因此，既没有理由将她庸俗化，也不必要把她神圣化。

二、爱情的形式

（一）爱情三因素理论

美国心理学家、耶鲁大学教授斯滕伯格（R. J. Sternberg）于1988年提出爱情的体验由3个部分组成：激情、亲密和承诺。激情是爱情中来自外表吸引和性吸引并促使关系产生浪漫和外在吸引力的动机，带有强烈的情绪体验的驱动力。亲密指两人感到亲近，相互契合、相互关联、相互归属的感觉，包括对爱人的赞赏、照顾爱人的愿望、自我暴露和内心沟通。承诺指维持关系的决定、期许或担保。短期看就是要做出爱不爱一个人的决定，长期看是指维持爱情关系的承诺或担保、投入、忠心、义务感或责任心。

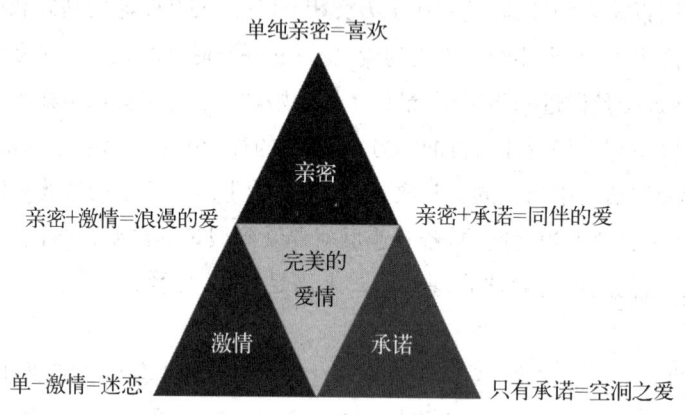

（二）爱情的七种类型

斯滕伯格根据激情、亲密和承诺三大要素的不同组合把"爱情"分为七种不同的类型。

喜欢式爱情：只有亲密。在一起感觉很舒服，但是觉得缺少激情，也不一定愿意厮守终生。

痴迷式爱情：只有激情体验，没有亲密和承诺。认为对方有强烈的吸引力，除此之外，对对方了解不多，也没有想过将来。如初恋，虽然充满了激情，却少了成熟与稳重，是一种受到本能牵引和导向的青涩爱情。

空洞式爱情：只有承诺。缺乏亲密和激情，如纯粹为了结婚的爱情。此类"爱情"看上去丰满，却缺少必要的内容，金玉其外，败絮其中。

浪漫式爱情：有亲密关系和激情体验，没有承诺。这种"爱情"崇尚过程，不在乎结果。它将爱情理想化，强调形体美，追求肉体与心灵融合的境界。

伴侣式爱情：有亲密关系和承诺，缺乏激情。跟空洞式"爱情"差不多，它是一种四平八稳的婚姻,只有权力、义务,却没有感觉。

愚昧式爱情: 只有激情和承诺,没有亲密关系。没有亲密的激情顶多是生理上的冲动,而没有亲密的承诺不过是空头支票。

完美式爱情: 同时具有三要素,饱含激情、亲密和承诺。这一类型的爱情是我们所追求的最理想的爱情。

三、恋爱的发生与发展

恋爱虽然是追求爱情的行为,但并不是生来就有的。一个人对爱情的追求,只有当他的生理和发展到一定阶段时才会产生。也就是说,恋爱是大学生生理发育和心理发展的结果。

(一) 恋爱的发生

性意识的觉醒是恋爱发生的原动力。生殖系统是人类身体各器官组织中发育成熟最晚的组织系统。儿童出生时仅具备了生殖器官,整个生殖系统的发展在青春期到来之前都是缓慢的。进入青春期后,个体下丘脑的促性腺释放因子的分泌量增加,使脑垂体前叶的促性腺激素的分泌也增加,导致性腺激素水平相应提高,促进了性腺的发育。男性的性

腺是睾丸,女性的性腺是卵巢。性腺的发育使男性发生遗精,女性出现月经,它们标志着男女性发育的成熟。伴随着性器官的发育成熟,第二性征也迅速发展起来了。男孩表现为喉结突出、嗓音低沉、肌肉发达、体格高大,周身的汗毛变多变密,长出了胡须,出现了腋毛等;女孩表现为嗓音细润、乳房隆起、骨盆宽大、体态丰满,具备了女性的曲线美,出现了腋毛和阴毛等。完成这一过程,一般在十一二岁至十五六岁,女孩比男孩早一两年进入青春期,故女孩的性成熟一般比男孩早。

性成熟为青少年性心理的发展奠定了生物学基础,而性意识的觉醒是青春期性心理的主要特征。青少年时期对异性的认识及与异性的交往,是恋爱发生的准备阶段。健康的恋爱心理与行为与这一时期是否能正确看待两性关系,是否有清晰的性意识,是否能客观、理智地看待性问题等有着密切的关系。

(二) 恋爱的发展过程

青少年性的成熟和性意识的觉醒,使恋爱成为男女之间自然而然滋生出的情感现象。在这一情感过程中,恋爱的双方充满了对对方的向往,爱和被爱的强烈感受使他们沉浸在愉悦、美好而又忘我的二人世界里不能自拔,因为相互间深深的爱,他们将定下一生的承诺,携手走入婚姻的殿堂。

结合当今青少年爱情发展的实际情况,可以把这一过程分为以下几个阶段。

1. 爱情萌动期

表现为少男少女开始关注异性,开始对那些长得英俊、漂亮和有魅力的异性产生兴趣与好感,内心萌发出对爱情的向往,与自己喜欢的异性在一起时会有一种愉悦的感受。这种感受是

泛化的,即并不针对某一个对象,而且这种感受主要来自对异性的外在形象的直接感觉,故一个人的外貌成为异性产生爱意的首要条件。有时青少年会因满足于视觉上的这种愉悦的感受而盲目地坠入情网。

2. 单相思期

当对异性的好感锁定在一个异性的身上而对方并不知情时,就陷入了单相思。在这一阶段,爱情是甜蜜的,又是酸涩的。单相思的一方会非常关注自己喜欢的对象,对方的一言一行、一颦一笑都会牵动自己的心,要考虑如何与对方接近才能给对方留下好印象,以什么方式向对方表达爱意比较恰当,怎样才能使对方也爱上自己等,这些爱的思虑会使一个青少年变得忧郁、焦虑,如果没有适当的表达时机,或因缺乏表达的勇气而贻误了时机,青少年就会陷入自己的情感漩涡而深感痛苦。

3. 求爱期

单相思的一方在经历过朝思暮想的煎熬后,鼓起勇气向对方靠近,直接或间接地表达爱意。此时求爱的一方在心理上承受的压力,既担心自己表达爱的方式对方能否理解和接受,又担心对方一旦拒绝会对自己造成精神打击。能否以一个成熟的心态面对爱情,经受住爱的考验,成为这一阶段一个敏感的问题。同时,也是展现一个人的人品、处事方式、爱的技巧和能力的重要时期。

4. 恋爱期

即一方表达了爱,而对方欣然接受,两人之间就确立了恋爱关系。这一阶段是真正体验爱情、收获爱情的时期。它又可分为四个阶段,即初恋期、热恋期、磨合期、适应期。

(1) 初恋期,是指刚建立恋爱关系的一段时间,男女双方均沉浸在爱情的甜蜜中,所谓"一日不见,如隔三秋"。此时更多的是精神上的相互愉悦,爱情占据上风。因为有了爱,仿佛周围的一切都变得美好了,爱情的推动力使双方更倾向于积极的人生态度和行为。

(2) 热恋期,是指随着交往的逐渐深入,恋爱的双方期待与对方有更多相处的时间,双方都向对方倾注自己的情感,二人世界更加稳固、深厚。同时,性爱的成分随着感情的加深而逐渐增加了。陶醉在爱情中,身体的接触不再满足于拥抱、接吻等,容易在情绪冲动的情况下发生性关系,并在以后的情感交流中保持这种关系。

(3) 磨合期,是指进入热恋期以后,因为接触的时间长,对对方了解的更深入,双方在对方面前的假面具慢慢地揭开了,露出了"庐山真面目"。特别是性关系的发生,使两人之间零距离接触,于是"情人眼里出西施"的状况逐渐减弱,随之而来的是对对方的挑剔和不满,常为一些鸡毛蒜皮的小事发生争执,吵架成了家常便饭。由此,双方开始审视两人的情感,客观、理智地分析两人的价值观、个性、行为习惯等是否和谐、相容。假如存在巨大的差距,情感上不再融洽,有可能结束爱情;假如争论的焦点不是原则问题,双方对对方的爱情占据了上风,则会发展成为一份成熟的情感。

（4）适应期，是指恋爱双方经过磨合期的考验，逐渐相互接纳、相互包容，有了共同生活的目标，二人世界变得更默契、平静，爱的情感更深沉、稳固，为进入婚姻做好了准备。

至于每个阶段发生在哪一年龄阶段，不好一概而论。每个人的心理成熟度不同，青春期的到来也不是同步的，加之每个人对爱情的感受和理解也各不相同，因此无法界定具体的年龄阶段。

第二节　大学生的恋爱心理问题与调适

一、大学生恋爱的心理特点

爱情是人类永恒的话题，也是大学校园内一道亮丽的风景线。正值青春期的大学生，生理趋于成熟，卸下了高中学业的重压，摆脱了老师家长的约束，由于情感的需要及周围环境的影响，他们渴望爱情，想谈恋爱已成为一种较普遍的心理。现代大学生恋爱观逐渐发生改变，大学生恋爱心理有以下四大特征：

（一）恋爱动机简单化

更多的大学生在恋爱中没有过多考虑将来能否走到一起的事情，他们看重恋爱的过程轻视恋爱的结果，他们恋爱，是因为需要爱和被爱，多是出于本能的喜欢和吸引，"不求天长地久，只求曾经拥有"是大学生较普遍的一种心理。

大学生注重恋爱过程，这种心理有利于恋爱双方互相了解、加深认识，也有利于恋人之间培养感情、增加心理相容度。这种恋爱思想同时也反映出大学生恋爱没有太强的功利色彩，目的单纯，着意追求爱的真谛。但从另一方面来说，只注重恋爱过程，强调爱的"现在进行时"，不考虑爱的"将来完成时"，缺乏爱情的责任意识。还有一部分大学生恋爱出于从众或虚荣心理，把恋爱当作一种充实课余生活，解除寂寞，填补空虚的手段，由这些可以看出大学生恋爱心理还不太成熟，对感情缺乏深刻的认识。

> **小案例**
>
> 小莉（化名）是个乖巧善良、脾气温和的女孩，从小到大一直备受家人宠爱。平时一贯乐观向上的她最近却愁容满面，上课无精打采，思前想后终于鼓起勇气来到咨询室，原来是她的爱情出现了问题。对于刚上大学的小莉来说，新的环境除了让她觉得新奇外，也给她带来了很多孤单和不适应，加上舍友有男朋友或者家在本地，一到周末宿舍基本只有她自己，新生报到时认识了同乡学长，平时有问题便想到向他请教。学长很爽快，经常主动帮忙，对他也是关怀备至。一来二去，她对学长开始产生依赖。没多久学长向她提出是否可以做他的女朋友时，小莉头脑一热便答应了。可是半个学期过去了，她发现两个人性格并不合适，没有太多共同话题，回想当时可能自己并没有想清楚是不是真的喜欢他，也许只是那时太渴望被关爱了。现在觉得自己是自作自受，又不知道该如何面对学长。

（二）自控力与耐挫力较弱

绝大多数大学生能够正确看待学业与爱情的关系,希望学业和爱情双丰收,具有理智的爱情观,但很多事实表明,很多大学生缺乏理智处理感情事件的经验和心态,一旦陷入热恋中,往往不善于控制自己的情感,缺乏理智的驾驭能力,对恋爱对象过分依赖,稍有波折就痛苦万分。一旦恋爱受挫,便会情绪失控,无法自拔,对学习造成严重影响。由于缺乏成熟的相处经验,很多大学生不能互相迁就对方,不能够从容理智地处理爱情进程中遇到的各种问题。可见,摆正学业与爱情的关系,正确处理感情中遇到的问题,是恋爱中的大学生迫切需要学习和理智面对的问题。

（三）爱情不成熟与不稳定性

当前大学生的恋爱,低龄化人数呈上升趋势。很多大学生一进大学就开始谈恋爱,学业未成,恋爱先成。很多低年级学生由于社会阅历浅、思想单纯,对于自己的人生目标和需要,还没有一个很清楚

的概念,对待恋爱问题简单、幼稚、不成熟。在择偶标准上,往往重外表,轻内在;在恋爱方式上,往往重形式,轻内容;在恋爱行为中,往往重过程,轻结果,重享乐,轻责任。这种恋爱问题上的不成熟性,加之经济上尚未独立,恋爱过程中感情和思想易变,缺乏妥善处理恋爱中情感纠葛的能力,极易造成恋爱的周期性中断,或对恋爱对象的选择漂泊不定,恋爱的成功率较低。

（四）恋爱观念开放,传统道德淡化

随着时代的发展,对外开放的范围不断扩大,及各种新闻媒体、网络文学的盛行和渲染,使当代大学生对于爱情的观念趋于开放和大胆,不愿接受传统观念的束缚,恋爱方式公开化,在爱的激情下,一些大学生甚至在公共场所、大庭广众之下,旁若无人,做出过分亲密的动作。许多大学生不能正确处理感情和性的关系,不能够理智成熟对待自己的情感问题,只愿享受爱情的甜蜜、忽略爱情背后的责任,由此而引发一系列的问题。

二、大学生恋爱中常见的困惑

（一）爱情错觉

事实上,爱情是由大脑中神经元发起的,所以它没有实体,只是一种纯粹的主观体验。我们在喜欢一个人时,往往也觉得对方也在喜欢自己。单恋多是一场情感误会,是"爱情错觉"的

产物,其原因主要是受异性言谈举止或自身各种主观体验的影响而错误地坠入爱河。

克服单恋的痛苦,重要的是防患于未然,应采取积极的方式:首先要主动避免"恋爱错觉",学会准确地观察和分析对方的表情,用心明辨,必要时学会求证,而不是一味胡思乱想,不能自拔;其次,当单恋发生在自己身上,就要拿出十足的勇气,克服羞怯心理和自我安慰心理的折磨,勇敢面对,在适当时机向对方表达,如果对方有意,可共同成长,若对方无意,则该面对现实,用理智主宰感情转移,把主要精力放在学习上或参加学生活动,通过感情的转换和升华来获取心理平衡。

(二)嫉妒心理

恋爱中,见到自己的恋人与其他异性接触,或听到恋人在自己面前谈论其他异性的好话,由于担心他人插足,害怕所爱的人感情转移以致自己的爱落空,由此引起嫉妒、猜疑,应当说是爱情排他性的一种正常表现。轻微的嫉妒可以促进爱情,一旦妒火过盛,则容易把爱情之花烧灼枯萎,甚至导致严重的后果。

克服嫉妒心理的最好方式首先是消除猜疑,恋人之间一旦产生误解应及时进行沟通,敞开心扉,及时把嫉妒的苗头打消在萌芽状态;其次,要胸襟豁达、信任对方,不应该阻止对方与其他异性朋友正常交往,学会控制自己的情绪,尊重对方的选择,用真情打动对方,而不是无理取闹;再次,要通过学习提高自己的素质和修养,培养宽阔的心胸和健康的恋爱观,在双方相互独立中增进感情。

(三)多角恋爱关系

三角恋或多角恋是指一个人同时与两个或多个异性保持恋爱关系,使当事人形成多种形式的冲突,并带来许多心理上的问题。

要妥善解决这些问题,必须具体问题具体分析。倘若两个异性同时向你求爱,你有选择的权利,但必须从多方面进行比较和考察,尽快做出抉择,切不可朝三暮四、模棱两可;倘若明知对方正在恋爱,你却不顾他人痛苦插足其间,会受到道德舆论的谴责,不如将爱情升华,努力做好自己,等待被关注或寻找属于自己的真爱。

(四)网恋

由于网络交友方便快捷,很多大学生网恋的初衷只是希望通过网络来排解内心情愫或打发时间,再加上网络的虚幻性,很多信息不够真实、明确,有些人的道德意识降低,导致多数网恋不能长久维持,甚至有些学生上当受骗。作为一种新的恋爱模式,网恋本身并没有绝对的好与不好,但网络的特殊性对大学生的恋爱也产生了一定的负面影响。把网络当成一种相识的工具是可取的,真正的爱情可能还是要走到传统的"老路"上。

网恋需注意:不要随意把自己的姓名、地址、联系方式等相关资料给对方,否则会影响到个人的人身安全;经过一段时间的了解和认识后,彼此的感情经过时间的考验,再考虑从网上向现实生活过渡;两人交往后要以诚相待,适当的矜持和谨慎可以保护自己和对方对自己的看法。

(五)失恋

爱情是美好的,但通往爱情的道路总是不平坦的,由于各方面不够成熟,大学时代的爱情多以失败而告终。有一部分学生摆脱不了"情感危机",有的失去信心,放弃对爱情的追求;有的一蹶不振,自暴自弃,认为一切都失去了意义;有的视对方如仇人,肆意诽谤,甚至做出极端行为伤害对方。

在对待失恋的问题上,可以通过"找朋友诉说"或其他方式适当排解内心的压抑与悲伤;能够明白失恋尽管让我们痛苦,却也是促使我们成长的一次机会,通过理性思考接受失恋,学会面对失去;另外,对自己和对方采取宽容的态度,尊重对方的选择;还可以通过情境转移的方式暂时离开触动恋爱的景、物、人,把自己主动置身于欢乐、开阔的情境中,积极投入学习、工作中,转移感情注意力,扩大交友范围,把失恋升华为一种向上的动力。

三、如何积极对待爱情

对爱情的态度反映出一个人的精神面貌、道德素养和心理健康状况。生活中人们祈求爱、渴望爱、歌颂爱,然而爱的能力必须经过培养才能获得,拥有各项爱的能力,才能更好地对待爱情。

(一) 理解爱的内涵

人们对于爱情的看法因时代、文化、个体差异,不同的人对爱情的描述和理解不同。虽然人们对爱情的理解有很大差异,但都承认爱情包含性和爱两种成分,只是各自强调的重点不同。保加利亚伦理学家瓦西列夫在《情爱论》一书中认为爱情主要涉及三个方面的因素:精神因素、生物因素和社会因素。精神因素主要指爱情是一种由异性间的依恋感及理想、情操、个性追求(义务感、道德感)等复杂因素混合而成的,而生物因素是爱情萌发的基础,男女之间的爱情正是在这种原始驱动力之下产生的,社会爱情则是指爱情是一种社会现象,它受社会道德、法律规范的制约,还涉及传宗接代的社会功能。

(二) 摆正爱的位置

处理好学习和爱情的关系。相当多的大学生认为大学期间应该以学业为主,最理想的状况是学业、爱情双丰收,或者至少认为爱情应当服从学业。但在处理学业、爱情关系时却不理性,一旦进入恋爱角色就不能自制,强烈的感情冲击了一切正常的人际交往,学习受到严重的影响。

(三) 培养爱的能力

弗洛姆认为,"爱是人的一种主动的能力,一个突破把人和其他同伴分离之围墙的能力,一种使人和他人相联合的能力,爱使人克服了孤独和分离和感觉,但它允许他成为他自己,允许他保持他的完整性。"这里爱的主动性,包括关心、责任、尊重、认识。爱的能力指和他人建立亲密关系的能力,它对人的一生发展有着重要的意义。恋爱过程也是培养爱的能力的过程,特别是追求者一方,遇到过挫折磨难的爱情经历,会使人长大。爱的能力包含多个层面:

1. 识别爱的能力

有鉴别爱的能力的人,是个自信也尊重别人的人,会自然地与别人交往,主动扩展交往的范围,珍惜友谊,会尽量多体验他人的感受。

2. 表达爱的能力

首先表达爱需要勇气,需要信心;其次表达爱需要选用恰当的方式和语言,第三表达爱是在表明爱一个人也是幸福,即使可能得不到回报;第四表达爱也就意味着要承担责任。

3. 接受爱的能力

接受爱必须慎重,具体体现在:一是要确立一个正确的择偶标准,选择爱人最重要的是志同道合,默契相投,要把对方付的心灵美放在自然美与其他社会条件之上;二是及时准确地对求爱信息做出判断分析,善于把握自己,以便做出接受、拒绝或再观察的选择;三是要具有良好的心理承受力,能坦然地表达爱、接受爱,承受求爱的拒绝或自己接受爱所引起的心理冲击,保持内心的平衡。

4. 拒绝爱的能力

拒绝爱的能力首先表现为对他人的尊重,要感谢对方对自己的感情;其二要态度明朗,表达清楚,即讲清和对方只能是什么样的关系,同学还是一般朋友,或什么都不是;三是行动与语言要一致,切不可优柔寡断,藕断丝连,贻误他人。

5. 解决爱的冲突的能力

相爱的人之间发生冲突是很自然的事情,冲突一方面可能来自日常生活中的不一致,或不协调;另一方面可能来自于性格的差异。爱需要包容、理解、体谅。恋人间需要有效的沟通,表达清楚自己的思想、感受。伤害性的争吵或者冷战都不利于问题的解决。

6. 增强恋爱的挫折承受能力

失恋可以讲是人生中一个很大的挫折。培养承受失去爱的能力,首先是要学习正确看待失恋。失恋不是人生的一个巨大的失败,只是一种选择的结果,一个人不选择自己不等于全面的失败,一无是处。每个人都有可爱的一面,只是每个人欣赏的角度不同;其二,在失恋中学习,把失恋作为一种人生的财富,人会在失恋中变得更加成熟;其三,失恋给人再恋爱的机会,一次失恋,不等于整个爱情生命的结束,人还会再恋爱,再体验美好的爱情,只要用心去体验,去建设,去学习和感受。

7. 保持爱情长久的能力

需要上面多种能力的综合。爱需要两个人真正地关心对方,走进对方的内心世界,以对方的快乐为自己的快乐。要保持爱情的常新,需要智慧、耐力、持之以恒及付出心血,同时又要保持自己的个性,有自己的追求与发展(事业)。学习新的东西,善于交流,欣赏对方,是爱的重要源泉。

【启迪故事】

森林中有十几只刺猬冻得直发抖。为了取暖,它们只好紧紧地靠在一起,却因为忍受不了彼此的长刺,很快就各自跑开了。可是天气实在太冷了,它们又想要靠在一起取暖,然而靠在一起时的刺痛使它们又不得不再度分开。就这样反反复复地分了又聚,聚了又分,不断在受冻和受刺两种痛苦之间挣扎。最后,刺猬们终于找出了一个适中的距离,既可以相互取暖而又不至于被对方刺伤。

第三节　积极面对性心理问题

一、大学生性心理的基本特点

　　性心理主要指与生理特征、性欲、性行为有关的心理状况和心理活动,也包括与异性有关的男女交往、婚恋等心理问题,具体为性感知、性思维、性情感、性意识等。我国大学生性生理基本成熟,有正常的性欲望和性冲动,但是健全的性心理还未建立起来,性生理发育和性心理发育水平存在不一致。

(一) 性心理的本能性和朦胧性

　　大学生尤其是低年级大学生的性心理,基本上是生理上剧烈变化的本能作用,缺乏深刻的社会内容,还未对性赋予婚姻、家庭的意义。对异性产生好感,与异性交往的需求变得强烈,喜

欢关注、讨论异性,对性知识、性体验充满好奇。加上不少学生不了解性的基本知识,对性有较浓厚的神秘感,使得这种萌动又罩上了一种朦胧的色彩。大学生由于性生理和性心理日趋成熟,希望与异性交往,他们喜欢探索异性的心理秘密。正是在此基础上,在朦胧纷乱的心理变化中,大学生的性意识逐渐强烈和成熟起来。因此,对大学生适当的性生理与性心理教育,有利于其性心理的正常发展。

(二) 性意识的强烈性和文饰性

　　生理上的成熟使大学生已经有性梦、性幻想等体验,对性行为带来的愉悦感产生向往与追求,加之处境特殊,使大学生成为日本学者所说的"性饥饿"的典型人群。他们十分重视自己在异性心目中的形象,十分看重来自异性的评价,并常按照异性的要求和希望来进行自我评价和

大学生积极心理教育

塑造自己的形象。从大学生宿舍中每晚的卧谈会中我们不难看出大学生对性的关心程度之高，表现出明显的对性的强烈渴求性。同时，我们可以看到尽管大学生心理上对性问题和异性都很关注、很敏感，但在行为上却表现的拘谨、羞涩和冷漠，具有明显的文饰性，甚至少数人还可能以扭曲的方式表现出来。

（三）性心理的动荡性和压抑性

青春期是人一生中性欲最旺盛的时期。但不少大学生心理不够成熟，尚未形成稳固的道德感和恋爱观，自控和自制的能力有限，他们的性心理极易受外界各种因素的影响而显得动荡不安，表现出明显的动荡性。而且大学生并不具有通常意义上的满足性冲动的伴侣，容易导致过分的焦虑和压抑，少数人还可能以扭曲的、不良的、甚至是变态的方式表现出来。

（四）性心理的性别差异性

大学生的性心理存在着明显的性别差异性。在对于异性感情的流露上，男生显得较为外显和热烈，女生往往表现的含蓄而温存；在内心体验上，男生更多的是新奇、神秘和喜悦，女生则常是羞涩、敏感和不知所措；在表达方式上男生比较主动和直接，女生更喜欢采取暗示的方式；男生的性冲动易被性视觉刺激唤起，而女生则易在听觉、触觉刺激下引起性兴奋。不过，这种差异近年来有缩小的趋势。如在表达方式上，女生变的较为主动的情况也是越来越常见。了解此类差异有助于减少两性交往和自我认知的不安与困惑。

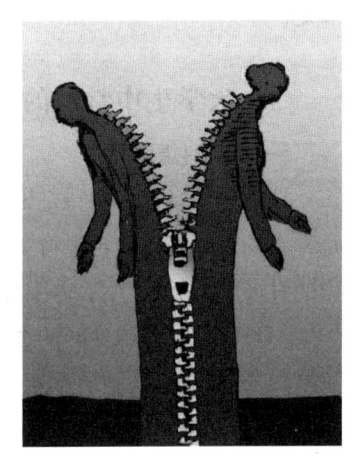

【知识卡片】

奥地利精神分析学家西格蒙德·弗洛伊德（Sigmund Freud，1856年—1939年）将性心理发展划分为5个阶段：口欲期、肛门期、性器期、潜伏期、生殖期。

1. 口唇期（0—1岁）

这时儿童主要通过吃奶和吸吮等口唇动作来获得满足的快感。这一时期性表现的三大特征："性快感的来源同身体中维持生命不可缺少的寻食功能密切相关；它尚不知有性的对象，是一种'自体享乐'；它的性目的受快感区的直接控制。"这一时期最大的心理危机是断奶。

2. 肛门期（2—3岁）

这时幼儿以肛门的忍和排便行为为快感来源。这时也正是儿童进行便溺训练的时期。通过对父母中同性一方的"认同"来解决矛盾。性别认同开始形成，对生殖器格外好奇，对两性差异有浓厚兴趣。

3. 生殖器期（4—6岁）

大约4岁左右，儿童进入生殖器期，以生殖器为快感的主要来源。在这个时期，出现一种特殊的现象：儿童恋父母中异性的一方，以同性的一方作为"情"，取自希腊神话，恋母也称俄狄浦斯情结，恋父则称伊拉克特拉情结。

4. 潜伏期(7—12 岁)

从七八岁开始一直到青春期前,儿童进入潜伏期。这时儿童的兴趣转向外部,注意发展各种为应付环境所需要的知识和技能。性兴趣下降,开始发展对学校、游戏同伴、体育运动等新的兴趣,获得勤奋感。潜伏期是一个充满依赖和独立的矛盾冲突时期,性别角色和性别认同的矛盾冲突迅速膨胀。个体通过综合各种影响和压力,最后建立自我认同感,成为一个独立的人,如果没有一种稳定的自我认同感,可能出现同性恋或变态性心理。

5. 生殖器(12 岁以后、青年、成年)

这一阶段起于青春期,贯穿于整个成年期。虽然快乐源仍指向生殖区,但人们不只是寻求自我满足,而且考虑他人的需求,在性爱的基础上建立爱情关系。这一时期的心理能量主要投在形成友谊、生涯准备、示爱及结婚等活动中,已完成生儿育女的终极目标,成熟的性本能得到满足。

二、大学生中常见的性心理困扰

(一)性幻想困扰

性幻想是指在某种特定因素的诱导下,自编、自导、自演与性交内容有关的心理活动过程,是青春期常见的一种自慰行为,是一种正常的、普遍的性心理反应。随着性心理的成熟和性能力的发展,使得大学生有着强烈的与异性交往的愿望,但由于受社会环境的约束,相当一部分学生不可能满足于异性间的性的欲望。于是有些同学便把自己在网络、书籍及生活中看到的故事和场景,经过大脑的重新组合而编成自己的性故事。有的学生因为性梦或性幻想而认为自己是"不道德的"、"卑鄙下流的",为此感到羞耻、自卑、注意力不集中,甚至焦虑不安,有的学生由于频繁出现性幻想而影响睡眠,导致体力下降,严重的会导致神经衰弱,给身心健康带来不利影响。

(二)性焦虑困扰

性心理矛盾、冲突以及各种性适应不良都会引起性焦虑,青春期性焦虑主要表现在对性生理成熟的焦虑,对自我体像和性功能的焦虑,同时还伴有心慌、出汗等植物性神经症状和肌肉紧张、运动性不安,多见于月经期烦恼和遗精恐惧。

发育正常的女性,每隔一个月,子宫内膜发生一次自主增厚、血管增生、腺体生长分泌以及子宫内膜崩溃脱落,并伴有出血的周期性变化,这种周期性阴道出血和子宫出血被称之为月经,很多人俗称其为例假。女性来月经的前几天及月经期间,属于生理曲线的低潮期,易疲劳,身体的耐受性、灵活性下降,甚至会出现身体不舒服,痛经等,再加上消极的暗示和担心,加重了自身情绪的低落和躯体的不适感。

大多数男生都经历过在睡梦中遗精或在清晰状态下无自慰、性交等而自发性遗精,这都是正常生理反应,一次排出数毫升的精液中 99% 是水分,其余是蛋白质、糖等。无论是梦遗还是滑遗对身体的影响都微乎其微,传统观念不分青红皂白地夸大遗精的严重性,认为这是"泄阳",会伤元气。对大学生身心健康产生的影响并不是遗精,而是由此引发的紧张、焦虑等情绪。

（三）性别认同困扰

性别认同是指个体是否接受自己的性生理学特征和社会所规定的性别角色规范。多数大学生都能接受自己的生理性别，并依照不同性别角色分别从事各自的思想和行为。

家族制度和"传宗接代"的传统观念，大部分中国家庭存在"重男轻女"的倾向，长期处于男权主义让很多女生痛恨自己的性别，想要自己独立自主，争取决定权，而很多男生由于父亲角色的缺失，和母亲卷入过密，或是被父母过度保护，可能缺少阳刚之气，弱化男性的攻击性等方式，去压抑自己的男性特征，以便享受被照顾的福利和逃避成人责任。还有的人表现出对自己的性别不满意，对自己生理结构所规定的性别不承认，拒绝承担性别的社会职责和义务，有意模仿异性行为，充作异性身份。许多学生意识到自己与别人的不同，但不知道该怎样改变，为自己的性别苦恼、不安和恐惧。

【知识卡片】　性心理障碍

1. 性身份障碍：当事人有变换性别的欲望。如易性癖。

2. 性指向障碍：对不能引起正常人性兴奋的人或物感兴趣。如同性恋、双性恋、影恋、自恋。

3. 性偏好障碍：采用与正常人不同的异常性行为满足性欲。如异装癖、恋物癖、恋尸癖、恋兽癖、发恋、足恋、肛门恋、尿道恋、便溺恋、性虐恋（施虐狂和受虐狂）、裸露癖（露阴癖）、摩擦癖、恋童癖、窥视癖（窥阴和窥体）、色情狂、性爱狂、慕男狂。

（四）性骚扰的困扰

常见的性骚扰不单指行为上的抚摸、搂抱、摩擦等动作，也包括语言上的侮辱、戏弄、挑逗等，具体表现为故意碰擦异性身体的敏感部位，故意谈论色情话题，用色眯眯的眼光盯视异性，打骚扰电话等等。

有些同学在童年或以后的成长过程中，受到过各种情形的性骚扰。一些大学生在遇到性骚扰时，不是积极地反抗、自卫，而是自责或消极逃避。性骚扰会使人感到慌张、恐惧，严重的会让人极度压抑、冷漠或精神衰退。所以一些受伤害或影响较大的同学会因此对性产生恐惧，最终形成心理障碍。

（五）婚前性行为困扰

当前最有争议的是大学生婚前性行为。不同的人有不同的看法，国家对大学生谈恋爱由"明文禁止"到"不提倡、不反对"，在大学生结婚问题上也已"解禁"。大学生性器官和第二性征发育已达到成熟，这期间易发生性冲动引起心理困扰是生理发育的必然结果。但是，不能强制禁止大学生正常的性行为，并不意味着大学生就可以随心所欲发生性关系。但是此阶段的学业成就与前途才是他们最大的压力，不适宜结婚，必须顺利经过这一阶段性欲延缓满足过程（性适应过程）。

在大学生中发生婚前性行为后,会给男女双方带来剧烈的心理冲突,增加心理困惑,不但影响学业,还会影响一生的幸福。大学生在性适应过程中应该学会控制自己的性欲望,按照社会道德规范要求自己,健康地解决性的自然性与社会性的矛盾。

三、大学生健康性心理的调适与维护

(一)掌握科学的性知识

性是一门综合的科学,包括男女生殖器的解剖学知识,生育过程,青春期的发育、表现、反应及卫生常识,性器官与性生活卫生,男女性别差异和社会角色,性功能障碍的表现与防治等。作为大学生,应该通过正常渠道对上述有关性的知识有一个科学的认识,积极缓解由于性问题而引发的心理压力。

(二)完善自己的性观念

一般情况下,人是在自己的性观念指导下与异性进行交往,建立性关系,最后组成较为稳定的家庭。大学生正是各种观念形成的关键时期,性观念的完善尤为重要,它可以更好地解决在学习、生活的同时由性所带来的各种困惑,顺利地与异性交往,建立恋爱关系和协调性关系,部分大学生存在种种性认知的偏差,而无论是压抑还是放纵,都是由对性的曲解造成的,学会思考辨别性观念的是非,以正确的态度对待生活中不能避免的性问题,欣然接受自己性生理和性心理的各种变化,对月经或遗精不厌恶,对性冲动和自卫行为不羞愧、不放纵,对所有大学生而言都是必要的。

【知识卡片】

世界卫生组织(WHO):性心理健康表现为"通过丰富和提高人格、人际交往和爱情的方式,达到性行为在肉体、感情、理智和社会诸方面的圆满和协调。"

性心理健康的标准

1. 正确认识自我,愉快接纳自己的性别。

2. 具有正常的性欲望,抵制诱惑。

3. 性心理的特点和性行为符合相应的性心理发展年龄特征。

4. 具有较强的性适应能力,包括自我性适应与异性适应。

5. 能和异性保持和谐的人际关系。

6. 性行为符合社会文明规范。

(三)培养健康人格与良好的意志品质

一个人对于性的态度反映了一个人人格的成熟。人自身的尊严感和对他人是否尊重,都会在两性关系中充分体现出来。不同的性别在生理和心理上各有自己的特点和性别魅力,大学生应接纳和欣赏自己的性别角色,发展出适应时代要求的优秀个性特点,培养高尚的人格,以自尊、自信、稳重、正派、大方的风貌出现在公众面前,以健全的人格进行正常的异性交往,从而达到身心健康稳定、和谐的状态。

另外大学生自我控制性心理能力的大小,在一定意义上是由个人意志品质的强弱决定的。尽管有的青年人有很强的性冲动,再加上在外界性刺激的影响下,会急于寻求性的满足,但是,人不同于动物,人有意志力,为了自己长远的幸福和个人成功的发展,大学生应该学会控制自我的冲动。

(四)积极进行自我调节

每一个健康、发育正常的人,进入青春期后,都必然会产生性的欲望和冲动,大学时期也是性欲和性冲动最为旺盛的时期,但性的需要又较难通过婚姻得到满足,因此,这一时期对自己的性欲望和性冲动进行积极有效的自我调节就显得尤为重要。

首先可以积极参与异性交往,既不回避异性,也不在异性面前过分表现自己,保持平常心态,通过异性交往消除神秘感,减少好奇心;其次,适度宣泄有助于消除由于性欲带来的紧张感,缓解性冲动,如运动、唱歌、呐喊、倾诉等;再次,可以通过升华的方式使欲望和性冲动得以转移,将不良情绪带来的能量引向比较符合社会规范的方向,转化为具有社会价值的积极行动,如积极参加集体活动,培养各种兴趣爱好,全身心投入学习等;最后,当遇到自己无法解决的问题时,可以寻求专业老师的帮助。

活动与拓展

【主题】请人吃饭

【目标】通过游戏揭示学生的择偶观,帮助学生树立理性的爱情观。

【活动过程】

1. 6—10人一组,每个学生拿出一张纸,在纸上画出一个饭桌,并在饭桌正上方画出自己I。

2. 想象一下自己要请异性的朋友 A、B、C、D、E 五个人吃饭,该怎样分配座位,分配好后在每个人旁边写出她们的优点。

3. 请对照自己的标准想一想自己的恋爱动机是否健康?自己的择偶标准是否现实?

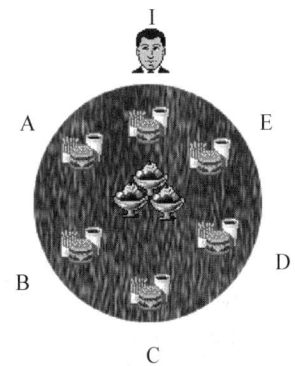

课外资源

【心书推荐】

1. [美]艾·弗洛姆.爱的艺术[M].李健鸣,译.上海:上海译文出版社,2008.

2. [英]德波顿.爱情笔记[M].孟丽,译.上海:上海译文出版社,2009.

3. [加]克里斯多福·孟.亲密关系[M].张德芬,余蕙玲,译.长沙:湖南文艺出版社,2015.

【观影疗心】

1. 恋恋笔记本,2004 年,导演:尼克·卡萨维茨

2. 长大未成人,2006 年,导演：柴静

3. 熔炉,2011 年,导演：黄东赫

心理测试

恋爱态度测试

指导语：下列题目均有 A、B、C、D 四个选项,每个选项后的括号内有项目的得分(0—3分),请在每题中选择一项你认为最适合的填在题后的括号内。

1. 你对未来妻子要求最主要的是(男性选择)　　　　　　　　　　　　　　　(　　)

A. 善于理家做活,利落能干。

B. 容貌漂亮,风度翩翩。

C. 人品不错,能体贴帮助自己。

D. 顺从你的意思。

2. 你对未来丈夫要求最主要的是(女性选择)　　　　　　　　　　　　　　　(　　)

A. 潇洒大方,有男子风度。

B. 有钱有势,社交能力强。

C. 为人诚实正直,有进取心,待人和蔼可亲。

D. 只要他爱我,其他都不考虑。

3. 你认为完美的结合应是　　　　　　　　　　　　　　　　　　　　　　(　　)

A. 门当户对。

B. 郎才女貌。

C. 心心相印。

D. 情趣相投。

4. 对最佳恋爱时间的考虑是　　　　　　　　　　　　　　　　　　　　　(　　)

A. 自己已经成熟,懂得人生的意义和爱情的内涵,并且确定了事业上的主攻方向时。

B. 随着年龄的增大,自有贤妻与好丈夫光临,"月老"不会忘记每个人的。

C. 先下手为强,越早越主动

D. 还没想过。

5. 你希望自己是怎样结识恋人的　　　　　　　　　　　　　　　　　　　(　　)

A. 青梅竹马,情深意长。

B. 一见钟情,难分难舍。

C. 在工作和学习中逐渐产生恋情。

D. 经熟人介绍。

6. 你认为推进爱情的良策是　　　　　　　　　　　　　　　　　　　　　(　　)

A. 极力讨好取悦对方。

B. 尽力使自己变得更完美。

C. 百依百顺，言听计从。

D. 无计可施。

7. 你希望恋爱的时间是 （　　）

A. 越短越好，最好是"闪电式"。

B. 时间依进展而定。

C. 时间要拖长些。

D. 自己无主张，全听对方的。

8. 谁都希望完整全面地了解对方，你觉得了解他（她）的最佳途径是 （　　）

A. 精心布置特殊场面，连连对恋人进行考验。

B. 坦诚相待地交谈，细心地观察。

C. 通过朋友打听。

D. 没想过。

9. 你十分倾心的恋人，随着时间的推移，暴露出一些缺点和不足，这时候你 （　　）

A. 采取婉转的方式告知并帮助对方改进。

B. 无所谓。

C. 嫌弃对方，犹豫动摇。

D. 内心十分痛苦。

10. 当你初步踏进爱河之中，一位条件更好的异性对你表示爱慕时，于是你 （　　）

A. 说明实情。

B. 对其冷淡，但维持友谊。

C. 瞒着恋人和其来往。

D. 听之任之。

11. 当你向倾慕已久的一位异性发出爱的信息时，你忽然发现他（她）另有所爱，你怎么办？ （　　）

A. 静观待变，进退自如。

B. 参与角逐，继续穷追。

C. 抽身止步，成人之美。

D. 不知道。

12. 恋爱进程很少会一帆风顺，而你对恋爱中出现的矛盾、波折怎样看？ （　　）

A. 最好平顺些。既然已经出现了，也是件好事，双方正好趁此了解和考验对方。

B. 感到伤心难过，认为这是不幸。

C. 疑虑顿生，就此提出分手。

D. 没对策。

13. 由于性情不合或其他原因，你们的恋爱搁浅了，对方提出分手。这时候你 （　　）

A. 千方百计缠住对方。

B. 到处诋毁对方名誉。

C. 说声再见,各奔前程。

D. 不知所措。

14. 当你十分依赖的恋人背信弃义,喜新厌旧,甩掉你以后,你怎么办? （　　）

A. 当自己眼瞎认错了人。

B. 你不仁,我不义。

C. 吸取教训,重新开始。

D. 痛苦得难以自拔。

15. 你爱途坎坷,多次恋爱均告失败,随着年龄增长进入"老大难"的行列,你 （　　）

A. 一如从前,宁缺毋滥。

B. 讨厌追求,随便凑合一个。

C. 检查一下选择标准是否实际。

D. 叹息命运不佳,从此绝望。

16. 你认为恋爱作为人生一个极其重要的环节,其最终所达到的目的应当是

A. 找到一个情投意合的爱侣。

B. 成家过日子,抚育儿女。

C. 满足性的饥渴。

D. 只是觉得新鲜有趣,没有明确的想法。

结果说明:将你所选字母后的数字相加,总分在 42 分以上说明你的恋爱观正确,总分在 33—41 分之间说明你的恋爱观基本正确,总分在 32 分以下说明你的恋爱观需要调整。

参考文献

1. 陶爱荣.快乐前行——高职生心理健康与发展[M].南京:南京大学出版社,2014.

2. 蒋湘祁.当代大学生心理健康教育[M].上海:华东师范大学出版社,2012.

3. 吉家文.新编大学心理健康教育[M].天津:南开大学出版社,2012.

4. 杨勇手,何淡宁.大学生心理健康教育体验式教程[M].成都:西南财经大学出版社,2015.

大学生积极心理教育

第八章 大学生生涯规划

小小日记

最近,学校里出现了一道道靓丽的风景线——校园社团纳新。每个社团在校园的不同角落张贴他们各具特色的宣传海报,看得小小我既动心又烦心。动心,是因为我对大学有着美好的憧憬,其中之一就是参加社团,结交志同道合的朋友并培养几个特长,比如街舞、画画、英语、乒乓球等我都垂涎已久。烦心,是因为前两天大三学长学姐的实习交流会上传递的就业压力,他们都十分优秀,不仅职业资格证书、四级、计算机等级证书在手,而且都是学生干部。而我啥都还没好好准备,学习没规划,学生干部的竞选我也还在犹豫要不要去。一个人的时间和精力是有限的,我想要成功的人生却也希望能快乐自由地生活。所以我好迷茫,不知道什么样的选择是最好的。想到未来,是专升本,是考公务员,还是去企业,要找什么工作,我更是没底,不知道路在何方让小小我真是忧愁呐。

点 评

小小的困惑来自于没有做好大学生涯的规划,对自己的未来发展定位不清。不管是面对竞争激烈的就业环境,还是想要在未来职业生涯中获得成功,我们都需要认真规划三年的大学生活,把大学作为新的起点努力拼搏。而第一步就是学习生涯规划的知识,找到方向,并且付诸行动,适时调整自己的就业心理,直到最后实现我们的职业发展目标,获得理想的美好生活。本章让我们一起了解有关生涯规划的知识,掌握制定生涯规划的方法,为自己量身定制一份生涯规划,帮助自己抵达成功的彼岸。

学习目标

1. 了解职业生涯规划的理论知识
2. 了解大学生生活的特点及生涯发展的阶段
3. 学会制定适合自己的职业生涯规划

_____

_____

_____

_____

_____

_____

_____

_____

_____

第一节　大学生生涯规划概述

一、人生为何要规划

1. 有限人生,规划人生便无悔

世界卫生组织(WHO)于 2015 年 5 月发布的《世界卫生统计》报告指出,从总体上看,全世界人口的寿命都较以往有所增加,其中中国人口的平均寿命男性达 74 岁,女性达 77 岁。虽然我们的寿命有所延长,但它始终是有限的。很多人匆匆一生,盲目无所获。比利时的《老人》杂志对 60 岁以上的老人"您最后悔什么"进行专题调查,得出结果:72％的老人后悔年轻时努力不够,以致事业无成;67％的老人后悔年轻时错误选择了职业;63％的老人后悔对子女教育不够或方法不当;58％的老人后悔锻炼身体不够;56％的老人后悔对伴侣不够忠诚;47％的老人后悔对双亲尽孝不够;41％的老人后悔自己未能周游世界;32％的老人后悔一生过得平淡,缺乏刺激。对于年轻的我们,意识到生命是短暂的,因此我们更要好好规划,这样人生才能活得无悔。

2. 规划有序,漫漫人生有方向

没规划的人生叫拼图,有规划的人生叫蓝图;没目标的人生叫流浪,有目标的人生叫航行!当一个人树立了要想真正达到的成功目标的时候,他就有了今后发展的方向,就能指引他前行。如果没有方向,什么方向都无所谓,那他永远都不会有自己的人生。如果在年轻的时候,没有想清楚要干什么,今天干这个行业,明天转到那个行业,每次努力之间没有丝毫联系,即使有做得好的,每次也是原地踏步。这样你的努力只会成为别人的"嫁衣",你只会成为别人计划里的一个棋子,为别人实现他的人生理想。有人说过"只要你知道想要去哪里,整个世界都会为你让路",但如果你不知道自己去哪里,就更别提超越别人了。

【启迪故事】 施瓦辛格的人生规划

40多年前,一个十多岁的穷小子,自小生长在贫民窟里,身体非常瘦弱,却在日记里写到立志长大后要做美国总统。如何能实现这样宏伟的抱负呢?年纪轻轻的他,经过几天几夜的思索,拟订了这样一系列的连锁目标。

做美国总统首先要做美国州长→要竞选州长必须得到雄厚的财力后盾的支持→要获得财团的支持就一定要融入财团→要融入财团最好要娶一位豪门千金→要娶一位豪门千金必须成为名人→成为名人的快速方法就是做电影明星→做电影明星前要练好身体练出阳刚之气。

按照这样的思路,他开始步步为营。某日,当他看到著名的体操运动主席库尔后,他相信练健美是强身健体的好点子,因而他开始刻苦而持之以恒地练习健美。三年后,借着发达的肌肉,一身似雕塑的体魄,他开始成为健美先生。1966年,19岁的他获得了"欧洲先生"的称号。此后,他几乎包揽了所有的世界级健美冠军,包括五次"宇宙先生",一次"世界先生",七次"奥林匹亚先生",当之无愧地成为王中之王。

22岁时,他踏入了美国好莱坞。在好莱坞,他花费了十年时间,利用在体育方面的成就,一心去表现坚强不屈、百折不挠的硬汉形象。终于,他在演艺界声名鹊起。从1970年拍摄《大力神在纽约》开始,至今已主演近20部动作片,几乎部部叫座。其中最大的成功是《魔鬼终结者2》,使他成为全球收入最高的演员。魔鬼终结者也成为好莱坞的经典形象之一。

当他的电影事业如日中天时,女友的家庭在他们相恋9年后,也终于接纳了这位"黑脸庄稼人"。1986年,他与约翰逊•肯尼迪家族的成员——马丽娅•施莱维尔结为夫妇。婚姻使他走上了一条崭新的道路,他的影响力开始超出体育和电影的范畴。在老布什当政的时代,他担任了总统的体育顾问。

2003年10月7日在美国加利福尼亚州举行的历史性州长罢免选举中,他击败了134名对手当选为加利福尼亚州第38任州长,并于2006年11月7日获得连任。他就是施瓦辛格。

3. 预见未来,风险来时心有底

人生规划,制定得越早、步骤越详细,则为之努力的时间越充足,更快形成自己的专业优势。常言道,"人无远虑,必有近忧""不谋万世者,不足谋一时;不谋全局者,不足谋一域。"人只有拥有忧患意识,才能提高对天灾人祸的预见性,让我们更加从容地面对人生,提高人生的抗风险能力。未来形势变化莫测,当你越早开始规划,即使真的变化翻天覆地,也来得及调整人生规划,或者走了弯路,遇上挫折,也不怕。人不是走多远看多远,而是看多远走多远。走多远看多远,遇到风险往往措手不及。看多远走多远,则深谋远虑,成竹在胸,遇到风险时候才能从容应对,妥善化解。

4. 目标清晰,激情潜力重点燃

是谁叫醒了我们的灵魂?每天一觉醒来,我们的身体醒了,但灵魂未必能醒,能让灵魂苏醒的是一个个清晰的人生目标。目标是一切行动的源动力,正是为实现目标的欲望,焕发了我们的激情,激发了我们的潜力。一个有明确目标意识的人,获得成功的可能性远远高于目标意识不明确的人。树立了明确的目标才能有意识的为他的目标收集资料,积累素材,创造条件,并使自我的行为符合自己制定的目标,才能在实施目标的过程中,通过不断的努力,加速自我完善,走向成功。

【知识卡片】

哈佛大学有一个非常著名的关于目标对人生的影响的跟踪调查,对象是一群智力、学历、环境等条件都差不多的年轻人,当时的情况时:27%的人,没有目标;60%的人,目标模糊;10%的人,有清晰但比较短期的目标;3%的人,有清晰且长期的目标。25年后的跟踪研究结果显示,他们的生活状况及分布现象十分有意思。当年的3%的人,25年几乎都不曾改变过自己的人生目标,他们都朝着自己的方向不懈努力,25年后,他们几乎都成为了社会各界的顶尖成功人士,他们中不乏白手起家的创业者、行业领袖、社会精英。10%有清晰较短期的目标者,大都生活在社会的中上层。他们的短期目标不断被达成,生活状态稳步上升,成为各行各业不可或缺的专业人士,如医生、律师、工程师、高级主管等。60%的目标模糊者,几乎都生活的社会的中下层面,他们能安稳的生活与工作,但都没有什么特别的成绩。剩下27%的那些25年来都没有什么目标的人,他们都几乎生活在社会的最底层,他们的生活大都很不如意,常常失业,靠社会救济生活,并且常常抱怨社会,抱怨他人,抱怨世界。

二、生涯规划的概念

不同的人对生涯有不同的理解,汉语中"生"意指生命、人生,"涯"则指的是边界、边际,因此生涯往往可以理解为生命的极限,人的生命历程。生涯规划,也叫人生规划,是一个人对自己未来生命进行有目的、有计划、有系统的安排。生涯规划在西方已有100多年的历史,在世界许多发达国家和地区生涯规划教育早已融入从小学到大学的教育辅导体系之中。

职业是指人们为了获取经常性的收入而从事连续性的特殊活动,是人生中最主要的历程,是追求自我实现的重要人生阶段,对人生的价值起决定性作用。职业生涯是指一个人一生的工作经历,特别是职业、职位的变动及工作理想实现的整个过程。职业生涯在人的一生中占有极为重要的地位,职业生涯的成功与否直接影响到人生价值能否得到充分的体现,间接决定了生命内容的精彩抑或平淡。

职业生涯规划又叫职业生涯设计,是指结合自身条件和现实环境,确立自己的职业目标,选择职业道路,确定相应的培训、教育和工作计划,并按照生涯发展的阶段实施具体行动以达成目标的过程。由于职业生涯贯穿着人的一生,因此,对职业生涯的规划,就是为自己的未来人生绘制理想的蓝图。

三、生涯四度

(一)生涯的第一个发展维度:高度

职业生涯的高度,我们都很熟悉,就是一个劲地往上爬(高度),意味着一个人在社会中能达到与掌握的地位、权力与影响力。追求生涯的高度的人,他们热爱竞争,有感召力与影响力,渴望资源与平台,有朝一日用自己的方式改变世界。

(二) 生涯的第二个发展维度：深度

职业生涯的深度,是指你在这个领域能干多久,挖掘得多深刻。深度指的是人们在思想、智慧、艺术与体能上达到的卓越和精进程度。追求生涯深度的人就会在这个领域扎根干下去,将所从事的专业学得越来越精湛,往往成为该领域的专家。

(三) 生涯的第三个发展维度：宽度

职业生涯的宽度,就是每个人所扮演的多种多样的角色,例如你既是一个学习者,也是儿子/女儿,也是男/女朋友,也是一个消费者等等。在大家都渴望成功的今天,很多人不断往高处走,却忽视了多重角色的扮演,家庭不和,友情丧失,不懂放松和休闲,那么即使你处在很高的位置,薪酬可观,也是一个不折不扣的失败者。生涯宽度是指我们能够打开和做好人生中多少个不同的人生角色,让它们丰富又互相平衡。

英国著名的职业生涯规划大师舒伯提出了生活广度、生活空间的生涯发展观(Life-span, Life-space Career Development),这个生涯发展观根据生涯发展阶段与角色彼此间交互影响的状况,描绘出一个多重角色生涯发展的综合图形,舒伯将它命名为"生涯彩虹图"(Life Career Rainbow)。

在一生生涯的彩虹图中,横向层面代表的是横跨一生的生活广度。彩虹的外层显示人生主要的发展阶段和大致估算的年龄,包含了成长期(约相当于儿童期)、探索期(约相当于青春期)、建立期(约相当于成人前期)、维持期(约相当于中年期)以及衰退期(约相当于老年期)五个主要的人生发展阶段。纵向层面代表的是纵贯上下的生活空间,是由一组职位和角色所组成。舒伯认为人在一生当中必须扮演九种主要的角色,依序是：儿童、学生、休闲者、公民、工作者、夫妻、家长、父母和退休者。各种角色之间是相互作用的,一个角色的成功,特别是早期的角色如果发展得比较好,将会为其他角色提供良好的关系基础。但是,在一个角色上投入过多的精力,而没有平衡协调各角色的关系,则会导致其他角色的失败。

(四) 生涯的第四个发展维度：温度

所谓"温度"指的是我们对生命的热度,我们对生活有多大的热爱与激情,能多大程度活出自己本来的面目。那就是你快乐吗? 幸福吗? 平静吗? 有的人工作很平凡,可他依然保持乐观、积极的心态,这样的职业生涯也很成功。如果你的职业生涯一点都不快乐,感受不到幸福,即使存折上的数字在攀升,那样的人生也是悲惨的。

生涯四度中,高度和深度都是外显而可测的;而深度和温度则是内在的,难以量化。越是生涯价值低的人,往往越渴求外在的维度表达,而总体价值越高的人,则越寻求整体维度的平衡。在考虑职业生涯发展时,建立"生涯四度系统观"——那就是事业(职业)能做到多高? 能不能长远发展? 自己能为社会、家庭做些什么? 自己的内心幸福吗?

平衡是生涯四度最好的解答,无数证据指出,平衡是一个系统价值最大化的体现。我们都知道,生命和所有运动一样,每个人的平衡方式都不同,要找到平衡,就要先找到自己的重心。

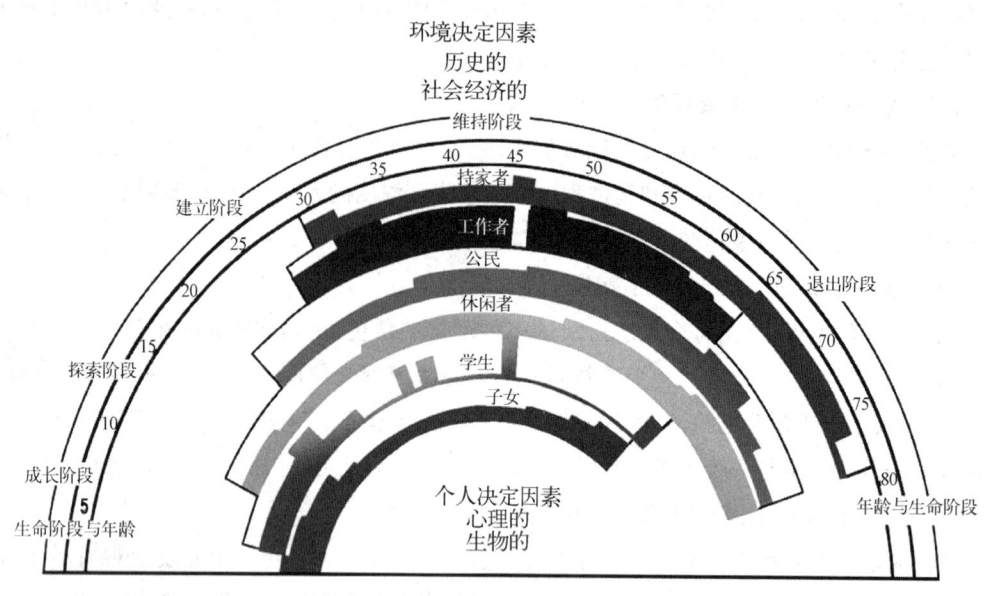

生涯彩虹图

有人高度不足是因为深度积累不够,所以没有竞争力;有人则因为温度不足,无法维系宽度……但如何找到生涯的重心?请记住,在一个阶段内,总有一个生命维度,是改变生命的杠杆,生涯平衡点就在其后面。

【互动游戏】 生涯32度游戏

假设生涯的每一个维度,你认为自己能达到的完美程度是10分,而你现在总共有32分(平均每一个维度8分),你会如何把这32分分配给你的生涯四度?注意:

1. 总分可以少于或等于32分,但不能超过32分;

2. 分数越高,意味着你在这方面越完美,同时越有竞争力;

3. 可以有相同的分数,可以有0.5分;

4. 一个维度最高可以分到12分。

高　度	深　度	宽　度	温　度

四、职业生涯规划

一个完整的职业生涯规划应该包括知己、知彼、抉择、行动、修正五个部分。其中知己是指自我分析,了解自我的兴趣、专长、性格、学识、技能、智商、情商、体质、价值观、思维方式、拥有的资源等。而知彼指的是环境分析,了解社会的职业需求、职业声望、社会人际环境、社会制度和社会经济发展状况等。抉择则是利用不同抉择技巧、抉择风格分析抉择可能面临的冲突、阻力、助力等,最终确定职业发展的方向和路径,进而制定切合实际的目标以及具体的行动计划。

接着行动是计划的实施,它是极其重要的一个环节,即使前面的所有工作都做得很好,但如果没有行动去实现,规划都只不过是空中楼阁而已。修正则是通过定期的反思,根据实际情况的变化,检查自己职业生涯规划的完成进度并做适当地调整。

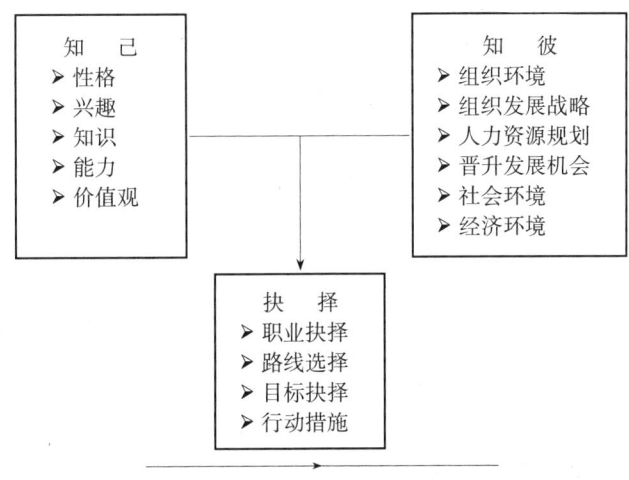

第二节　大学生生涯发展与心理调适

一、大学生生涯的发展

(一) 高等职业教育的内涵

高等职业教育是国民教育体系和人力资源开发的重要组成部分。它以就业为导向,面向经济社会发展和生产服务一线,培养高素质劳动者和技术技能人才并促进全体劳动者可持续职业发展的教育类型。从 1980 年初我国建立职业大学至今,高等职业教育已经走过了 30 多年的发展历程。1996 年,全国人大通过并颁布了《中华人民共和国职业教育法》,从法律上确定了高职教育在我国教育体系中的地位,由此也拉开了高职教育发展的序幕,而中国是世界上首个以立法形式明确认定高等职业教育并已实施的国家。1999 年全国教育工作会议上,中央提出"大力发展高等职业教育"的工作要求,我国高职教育进入了蓬勃发展的历史新阶段。目前,中国高等职业院校的数量从当初 13 所发展到今天约 1 300 所,可谓是蓬勃发展。

(二) 高等职业教育的特点

1. 培养目标的职业性

高等职业教育以社会需求为目标、以培养技术应用能力为主线设计培养方案,培养具有服务于特定职业岗位群或技术领域的应用型人才,也就是说,高等职业教育培养的不是"通才",而是具有综合职业能力、胜任某一具体岗位的专才。它与本科教育的最大区别在于明确的职业价值取向和职业特征。其培养、培训过程及每一个环节都要以掌握岗位技能为目的,把培养目标与劳动力市场的需求及生产一线的实际需要紧密地结合在一起,培养目标具有明确的职业定向性。同时高等职业学校也会通过"校企合作"的方式,围绕企业要求实施灵活开放的"订单式"人才培养模式。

2. 课程教学的应用性

在高等职业教育的课程体系中多数以"应用"为主旨和特征构建课程和教学内容体系。在课程设计上强调以职业所需的能力为主线,课程内容包括胜任岗位职责所需专业知识、工作技能和工作态度的培养,包括了职业角色对从业者的各项能力要求。课程内容的职业化、务实性,是我国高等职业教育发展的必然趋势。教学内容要强调以"必需、够用"为度,在教学中不再突出学科体系的逻辑严密性,而是强调把职业资格标准融入课程体系,推动课程教学与职业资格考试在教学内涵上的整合。

3. 教育教学的实践性

高等职业教育为了实现其培养目标,在教学内容、教学过程、教学手段、教学方式上突破了普通高等教育的模式,凸显了教学的实践性。在专业技术、技能的教育教学中,着重讲练一体,理实结合,课堂常常是实验室、实训室、模拟仿真工作室等等。高等职业教育一般都会在学期中间安排学生的生产实习和社会实践,其目的在于提高学生的技能水平,从而使学生能够适应职业岗位的要求。

(三) 大学期间生涯发展的三个阶段

1. 大学一年级

主要任务是完成高中生到大学生的角色转换,适应大学生活,重新树立目标。大一刚入学,首先需要尽快熟悉学校的周边环境和规章制度,学会独立安排生活,适应集体宿舍的作息,建立新的人际关系,摆脱中学阶段的依赖心理。完成过渡后,在兼顾学习同时积极参加学校的各项活动,尝试加入社团或者担任学生干部,探索兴趣,挖掘能力,锻炼自己,初步形成对未来职业的初步构想。大一还要重视计算机、英语等基本能力的学习,树立正确的世界观、人生观、价值观,注重通识素质的养成。

2. 大学二年级

大学关键的一年,不管是学习还是校园活动都是主要阶段,在参与和投入中会对自己形成较为全面的认识,从而形成今后深造还是就业的初步想法。根据自己的定向,认真学习专业知识,不断磨练专业技能,争取专业实践机会,考取职业发展所需的职业资格证书,在锻炼和展示自己的过程中发现自身的优势与不足,积累成功的经验,分析失败的原因,全面提高自身综合素质。大二的任务更多侧重在专业知识、技能在深度和广度上的拓展。

3. 大学三年级

学校通常都会安排三年级的学生进入企业进行顶岗实习,因此大三需要在完成实习任务及毕业设计的基础上,实现大学生到职场人的角色转换。同时要根据实际情况对自己的生涯进行反思总结,检验目标正确与否,并不断调整。深造的同学要专心准备考试,就业的同学要积极拓宽就业渠道,参加招聘活动,调整心态迎接挑战。大三这个阶段,需要融会贯通所学的专业知识,灵活应用掌握的专业技能,学会将理论应用于实践。

二、大学生职业发展存在的心理误区

（一）妄自菲薄的自卑心理

对于涉世不深的大学生来说，在择业就业问题上极容易产生自卑，尤其是那些性格内向，在学校期间没有经历学生工作、社会活动锻炼的学生尤为突出。主要表现为缺乏自信，行动退缩不前，表面上怕别人看不起，实际上是自我认识出现偏差所致。从心理学角度分析，自卑的实质是自我评价过低，缺乏自信心，他们往往并不是真的能力不如别人，只是过低的自我评价压制了能力的发展和表现。在求职时，自卑的学生通常不敢和不善于推销自我，丧失了许多求职成功的机会。因此，在择业求职过程中克服自卑是走向成功的必经之路。

（二）好高骛远的自负心理

"大学生是天之骄子"的观念使得部分大学生在步入社会前存在着自视甚高的心理，他们认为自己高人一等，参加工作就是要干一番大事业，而不愿从事职位低或者待遇差等条件稍微不好的工作，也不愿意脚踏实地从基础的平凡工作做起。特别是对于高职的应用型人才，毕业之初从事往往是较苦较累的一线工作，这与同学们想做管理、当"白领"的愿望相去甚远以至于很多大学生出现"高不成，低不就"的就业状况。

（三）东施效颦的从众心理

从众心理表现在考大学的时候，随大流，不从自己的兴趣或者能力考虑，而是对所谓的热门专业趋之若鹜。在大学择业就业时，从众心理则表现在"别人如何选择工作，我也这么选择，准没大错"的思想上。择业求职时，许多大学生选择求职的往往是别人所谓的好工作，对于他人觉得不好的工作，即使他们自己想去也碍于面子放弃机会，最后落得无处可去的下场。

（四）坐享其成的依赖心理

在客观环境上，当代的大学生生活条件比较优越，从小到大均在学校和家长的百般呵护之下成长，缺乏独立性，在择业求职上比较被动，常常依赖学校或者家长为其谋划未来。部分大学生在择业求职上存在"等、靠、要"的心理，认为自己不找工作，学校和家长急了自然会帮自己找到，因此不愿意主动参与就业竞争，而是采取逃避或者放弃择业的想法，甚至沦为"啃老族"。

（五）急于求成的焦虑心理

面对激烈的竞争环境及"就业难"的现状，加之对自己的信心不足，大学生常常会产生焦虑的心理。他们常常希望一步到位地选定自己理想、喜欢的终身性职业、岗位，以发挥专业所长、体现人生价值和追求，但就业中自己的碰壁和他人的成功，常常会使得大学生求职心更加迫切，焦急的感受更加深刻。大学生需要懂得择业和成才本来就是一个循序渐进的系统工程，是需要不断磨练，经历风雨才能见得彩虹的。

三、点"时"成金，勾勒生涯发展蓝图

（一）时间管理的概念

时间对每个人都是公平的，不管你是"富二代"还是"官二代"，每个人都拥有同样的 24 小时。时间是唯一公平的资源，而时间管理则是帮助我们从繁琐与迷惘中脱离，利用时间资源创

造出更多的奇迹。所谓的时间管理,不是管理时间,而是基于时间的"无法开源、无法节流、不可取代、不可再生"等特性,去管理"自我对时间资源使用的方式、方法以及与时间对应的事项安排",以求减少时间浪费,用最短的时间或在预定的时间内实现既定目标的行为。

(二) 时间管理的技巧

如果银行明天向你的账户拨款8.64万元,你在这一天可以随心所欲,想用多少就用多少,用途也没有任何的规定。条件只有一个:用剩的钱不能留到第二天再用,也不能结余归自己。请问,你如何用这笔钱? 其实,上天就给我们了每天86 400秒的时间让我们管理,那么我们是如何使用这些时间的? 就像要花钱要用在刀刃上、要物美价廉、要尽量花完,合理地利用好有限的时间,我们需要做到有效能、有效率、尽全力。

1. 注重时间效能,分清轻重缓急

就是把事情按照标准进行划分,学会找到并做好"最有意义"的事情才能达成目标。美国的管理学家科维提出了时间管理"四象限法则"理论,把事情按照重要和紧急两个不同的程度进行了划分,并建议我们按照优先顺序做事。如图所示:

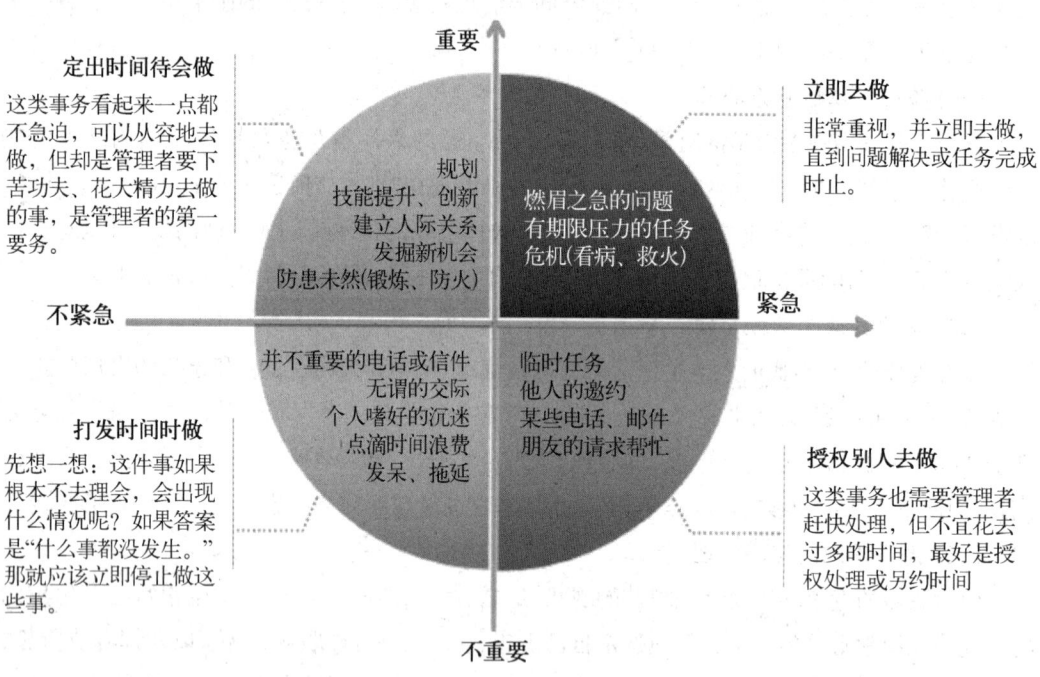

第一象限是紧急又重要的事,并不是经常出现、随时发生的。发洪水危及人们的生命财产安全就是紧急而重要的事情,水火无情,一旦发生洪水,抗洪救灾成了头等的大事,一切力量和资源都要为优先处理这件事服务。如果洪水发生在无人居住的地方,不会有人身和财产的损失,发洪水这件事就变得无关紧要。不是所有的事情在任何情况下都会成为紧急而重要的事情。只有在极少数的情况下,这件事才可能成为第一象限中的事件。第二象限是重要但不紧急的事,它是四个时间象限中最有价值的象限。通常忽视或者放任重要不紧急的结果会使得事情变得重要又紧急,使我们陷入更大的压力,在接二连三的重大危机中疲于应付。反之,多

投入一些时间在重要不紧急的事情上，做好事先的规划、准备与预防措施，有利于防患未然，减少紧急又重要的事情。因此重要但不紧急的事情必须主动去做，只有要把80％的精力投入到该象限的工作，以使第一象限的"急"事无限变少，不再瞎"忙"。第三象限是紧急但不重要的事，很容易让人感觉似第一象限，因为迫切的呼声会让我们产生"这件事很重要"的错觉——实际上就算重要也是对别人而言。有时候我们花很多时间在紧急的事情里面打转，看似忙碌，但不过是在满足别人的期望与标准，或者完成的都是微不足道的小事。如果一味在繁琐细碎的紧急事情中瞎折腾只会让自己离重要的事情越来越远，最终捡了芝麻丢了西瓜，一事无成。第四象限属于不紧急也不重要的事，除非需要打发时间才需要去做的。往往我们在一、三象限来回奔走，忙得焦头烂额，不得不到第四象限去疗养一番再出发。这部分范围通常是一些休闲活动，但诸如玩令人上瘾的电脑游戏、看毫无内容的电视节目、闲聊等等的休息不但不是为了走更长的路，反而是对身心的毁损。我们需要真正有价值的休闲活动，比如运动、阅读等等。

2. 注重时间效率，精简操作流程

效率就是单位时间内完成的工作量。据说，一个效率糟糕的人与一个高效的人做事效率相差可达10倍以上。面对"快鱼吃慢鱼"的时代，速度决定人生进退，速度决定事业成败。要在竞争中崭露头角，脱颖而出，只有你自己与时间赛跑，与对手赛跑，才有可能会赢。因此，无论生活或者工作，做什么都应当有较高的效率，这在无形中就可以延长时间。在提高效率上，首先要会统筹安排时间，利用充足的时间处理重大的事情，利用琐碎的时间处理琐碎的事情，利用等待的事件兼做别的事情。其次，在学习和工作中要注意方式方法，经常反思操作流程中是否有可以简化或者精确的地方，并予以改进。最后，学会利用技术工具，学会整理归档，让学习、生活更加有序，那么时间就不在慌乱中流逝。

【启迪故事】 石头、沙子和水

一天，时间管理专家为一群商学院学生讲课。他现场做了演示，给学生们留下一生难以磨灭的印象。站在那些高智商高学历的学生前面，他说："我们来个小测验"，拿出一个一加仑的广口瓶放在他面前的桌上。随后，他取出一堆拳头大小的石块，仔细地一块块放进玻璃瓶里。直到石块高出瓶口，再也放不下了，他问道："瓶子满了吗？"所有学生应道："满了"。时间管理专家反问："真的？"他伸手从桌下拿出一桶砾石，倒了一些进去，并敲击玻璃瓶壁使砾石填满下面石块的间隙。"现在瓶子满了吗？"他第二次问道。但这一次学生有些明白了，"可能还没有"，一位学生应道。"很好！"专家说。他伸手从桌下拿出一桶沙子，开始慢慢倒进玻璃瓶。沙子填满了石块和砾石的所有间隙。他又一次问学生："瓶子满了吗？""没满！"学生们大声说。

他再一次说："很好。"然后他拿过一壶水倒进玻璃瓶直到水面与瓶口平。抬头看着学生，问道："这个例子说明什么？"一个心急的学生举手发言："它告诉我们：无论你的时间表多么紧凑，如果你确实努力，你可以做更多的事！"。"不！"，时间管理专家说，"那不是它真正的意思。

这个例子告诉我们：如果你不是先放大石块，那你就再也不能把它放进瓶子里。"

第三节　积极设计大学生的职业生涯

一、自我认识

人人都想取得成功,但人人都应面对现实,而其中个人自我的限制就是我们必须面对的首要现实。如何面对自我的现实? 正确把握自己的优点、缺点,对自己的能力、兴趣、爱好,对自己将来可能在哪些方面取得成功的情况都要做到心中有数,以便扬长避短,在成功路上少走弯路。正如古语所说,"知己知彼,百战百胜",其中知己是核心,就是要搞清楚我是谁,包括我可以做什么(能力),我喜欢什么(兴趣),我适合做什么(性格特质),我在乎什么(价值)。

(一) 兴趣探索

【启迪故事】

达尔文自幼对动植物就有强烈的兴趣,他狂热地搜集昆虫与植物标本,采集贝壳、化石之类的东西,他的卧室就像个博物馆。在父亲和老师眼里,他是个不求上进、智商不高、成绩低下、不可救药的孩子。在父亲的训导下,他先后前往爱丁堡大学和剑桥大学学习医学和神学,但他的兴趣始终在自然科学上,经常把采集到的昆虫新物种送给学者去命名。1831 年,达尔文获准以自然科学家的身份参加了贝格尔舰的环球航行,5 年之后,他发表的《物种起源》震惊了全世界。

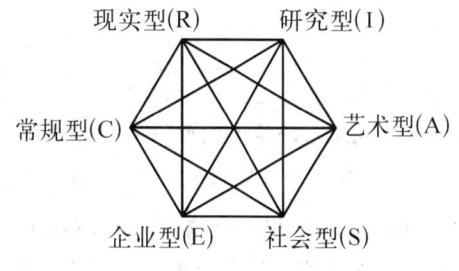

兴趣是最好的老师,兴趣是人对客观事物的选择性态度,当人们对某种事物产生兴趣,就会产生主动地认识和掌握某种事物,并经常参加与之相关活动的心理倾向。职业兴趣是一个人想从事某种职业的愿望。实践证明:在影响个人职业生涯规划与发展的众多主观因素中,兴趣就像一双无形的手,所起的作用最大。

虽然兴趣本身并不是为了从事什么职业而产生和形成的,但它可以根据职业的种类来进行分类,这样就出现了职业兴趣类型。美国约翰·霍普金斯大学心理学教授,著名的职业指导专家约翰·霍兰德提出了具有广泛社会影响的职业兴趣理论。他认为人的人格类型、兴趣与职业密切相关,兴趣是人们活动的巨大动力,凡是具有职业兴趣的职业,都可以提高人们的积极性,促使人们积极地、愉快地从事该职业,且职业兴趣与人格之间存在很高的相关性。霍兰德认为职业兴趣人格可分为现实型、研究型、艺术型、社会型、企业型和常规型六种类型。并且,大多数人都并非只有一种性向。为了帮助描述这种情况,霍兰德将这六种性向分别放在一个正六三角形的每一角。在评价个体的兴趣类型时一般以其在六大类型中得分居前三位的类型组合而成,组合时根据分数的高低依次排列字母,构成其兴趣组型,如 RCA、AIS 等。霍兰德认为虽然在择业时我们需要不断妥协,如果从事的是相邻职业环境、甚至相隔职业环境,个体需要逐渐适应工作环境。但如果个体寻找的是相对的职业环境,意味着所进入的是与自我兴趣完全不同的职业环境,则我们工作起来可能难以适应,或者难以感到工作的乐趣。相反,当个体所从事的职业和他的职业兴趣类型匹配时,个体的潜在能力可以得到最彻底地发挥,工作业绩也更加显著。在职业兴趣测试的帮助下,我们可以清晰地了解自己的职业兴趣类型和在职业选择中的主观倾向,从而在纷繁的职业机会中找寻到最适合自己的职业,避免职业选择中的盲目行为。

(二) 职业价值

每个人都有一套独一无二的价值系统。当你陈述哪样东西对你很重要或者对你的意义重大,你就在陈述一种价值观。价值观对人的行为和生活选择有着不可估量的影响,就像亚当·斯密所说的,价值观就像"一只看不见的手",它在不知不觉中就决定了我们选择以什么样的方式度过一生。价值是一种抽象的目标,超越了具体的行动和环境。价值观来自对内心感受的评价,没有对错,只有真实与否。价值观提供给你内驱力,道德和规则提供约束力。在生涯规划中,当很多事情都值得做的时候,你必须选出"最值得的",这就是你的"价值观"。

(三) 能力发展

小案例

小张,大一被选为班级生活委员后的某天问老师,可不可以把新收上来的班费拿去炒股,当时他的老师想,不愧是90后,作风就是这么大胆。但是他对于金融专业的兴趣却让老师记忆深刻。四年后,他告诉老师,如愿进入了证券公司,从交易员做起,目标是操盘手。老师开玩笑说,以后可以委托他帮自己炒股。他笑笑:"老师,四年前我就想这么做了……"老师的回应:"四年前,说实话,对于你的专业我不放心,但是现在过了四年了,今天的你能这么说,我相信你!"

当自己有兴趣并且能够坚持下去,这会让人觉得很兴奋,因为在努力与坚持的过程中将不断考验着你对于"兴趣"的忠诚度。而当能力有了提升,"兴趣"会给你更多的满足感与成就感。当一个人自身的素质和其工作职位的要求产生很大重叠时,人们就容易成功。特别要思考的是:我具有什么样特殊的天赋? 如果能将自己的天赋和职业结合起来,那就更完美了!

能力是作为掌握和运用知识技能的条件并决定活动效率的一种个性心理特征。能力的强弱直接影响到人们的工作效率。你目前具备什么能力? 你置身的行业需要什么样的人才? 只有在能力范围内,你的生涯规划才是可行的,才是符合社会发展的。对任何一种职业而言,要使职业生涯得以顺利进行,都必须具备相应的职业能力。能力在个人职业生涯中越来越显得重要,在大学三年中加强自身能力的培养和锻炼是每一个大学生必不可少的。任何人都不可能在一生中掌握所有的技能。每个人都有自己的能力结构和能力倾向,只有准确地掌握自身的能力,才能更好地发展自己,确定自己的方向。在对待自我能力时,要客观评价,既不要对自己的能力判断过高,也不要轻易低估自己的潜能。如何发现自己的成就及技能？可以通过以下几种方式来获得：可衡量的业绩,来自于他人的认可与反馈,与他人进行优劣势对比,使用技能问卷或技能分类卡,撰写成就故事等。

【知识卡片】

撰写成就故事时,每一个故事都应当包含以下要素：

你想达到的目标：即需要完成的事情。

面临的障碍、限制、困难。

你的具体行动步骤：你是如何一步步克服障碍、达成目标的？

对结果的描述：你取得了什么成就？

对结果的量化评估：可以证明你成就的任何衡量方法或数量。

二、环境探索

在对自己有所认识后,我们可以知道自己适合什么样的职业生涯,但是我们能够拥有什么样的职业生涯还需要对环境进行认真的探索。因为环境是职业活动的背景,也是职业生涯规划的限制条件,现实环境决定我们是否有实现梦想的平台。环境探索主要是针对自己职业生涯所在的环境因素及变化进行全面的分析,趋利避害,随机应变,找到实现生涯发展目标的捷径。

(一) 社会环境分析

社会环境分析包括三个层面,分别是家庭环境分析,如家庭经济状况、家人期望、家族文化等以及对本人的影响;学校环境分析,如学校特色、专业学习、实践经验等;社会环境分析,如就业形势、就业政策、竞争对手等。

(二) 职业环境分析

职业环境分析,则是针对生涯规划的目标职业进行可行性的具体分析,包括行业分析(包括行业现状及发展趋势,人业匹配分析)、职业分析(包括工作内容、工作要求、发展前景,人岗匹配分析)、企业分析(包括单位类型、企业文化、发展前景、发展阶段、产品服务、员工素质、工作氛围等,人企匹配分析)以及地域分析(包括工作城市的发展前景、文化特点、气候水土、人际关系等,人城匹配分析)。

三、生涯决策

(一) SWOT 分析法

SWOT 分析法又称为态势分析法。早在 20 世纪 80 年代初,由旧金山大学的管理学教授提出来的,它主要是通过分析组织、个人内部的优势与劣势以及外部环境的机会与威胁,来制定未来发展策略的一种简便的工具。SWOT 分别代表：Strengths(优势)、Weaknesses(劣势)、Opportunities(机遇)、Threats(威胁)。

采用 SWOT 分析法就是,先罗列出 SWOT 的各要素,然后按照如下的原则选择来规划自己的人生：（1）利用自己的优势和外部的机会；（2）化解和克服自己的劣势和外部的威胁。即是：发挥优势，克服劣势，利用机会，避免威胁。

（二）生涯决策平衡单

生涯决策平衡单是将重大事件的决策思考方向集中到四个主题上：自我物质方面的得失，他人物质方面的得失，自我赞许与否（自我精神方面的得失），社会赞许与否（他人精神方面的得失）。

（三）确立目标

确立目标是制定职业生涯规划的关键，所以在职业生涯规划时要设定自己的职业目标，即要明确自己想成为一个什么样的人，最终达到哪一级别，担任什么社会角色。一个人事业的成败，很大程度上取决于有无正确、适当的目标。

目标是一个非常有力量的工具，它能带领我们走向成功。目标的建立可以为你提供一个从此起步的平台。当你制定了目标以后，大脑会直接引导我们注意和目标有关的一切东西，就会帮助你去达成目标。针对目标的制定指导，最经典的莫过于 SMART 原则，SMART 原则是一个很实际、很方便的实施原则。

（1）S(specific)具体的：目标一定要是具体的，比如你想要减肥，就要明确到"我要通过每周 3 次慢跑 30 分钟，3 个月内减肥 10 斤"。

（2）M(measurable)可衡量的，量化的：任何一个目标都应有可以用来衡量目标完成情况的标准，你的目标愈明确，就能提供给你愈多的指引。

（3）A(attainable)可达到的：设定的目标要有挑战性，但要符合客观情况。目标不是凭空想象的，是需要经过缜密的测算能达成的。设定哪些无法实现的目标只能说是幻想、白日做梦。

（4）R(relevant)相关的：讲的是实现此目标与人生目的、愿景、使命是相关的。否则，如果不相关，或者相关度很低，那么，即使达到了这个目标，意义也不是很大。

（5）T(time-based)基于时间的：对设定的目标，要规定什么时间内达成，没有规定完成时限的目标，是没有任何意义的。

同时，要注意将人生目标分解成阶段化的目标，以防止总目标太虚无飘渺，不利于实施的控制。通常目标有短期目标、中期目标、长期目标和人生目标之分。长远目标需要个人经过长期艰苦努力，不懈奋斗才有可能实现，确立长远目标时要立足现实、慎重选择、全面考虑，使之既有现实性又有前瞻性。短期目标更具体，对人的影响也更直接，也是长远目标的组成部分。

四、采取行动

在美剧中，常听到一句台词"just do it"，意思是"去做就是了"，很简单的一句话，却包含了生活中一个重要的哲理，想做什么事，思考清楚后放手去做。无独有偶，道行高深的星云大师也曾说过这样一句话，"禅"的那个把手在哪里，答案只有两个字："去做"。

多少人曾计划千遍也不厌倦，多少人满脑子宏大理想却无法向目标迈开脚步。如果自己没有行动，可以对周围的人解释说，条件还不具备，我还没想好，我能不能把事情做好是个未知数,你们不能对未知数下结论。但在患得患失之间,过于在意别人的评价,只会让机会悄悄溜走,让梦想离自己越来越远,虽然不需为自己的行为承担责任,但却被动地接受了命运的安排。行动者就不一样了,他必须运筹帷幄,独自面对困难,迎接挑战,他必须倾注自己的决心、信心、毅力、勇气、智慧以应对事情本身和来自周围人的种种挫折,这样他就有了成长。

同时,当我们去做,我们很快会发现更多的可能性,发现理想和现实的真正差距在哪里,也许没有想象的那么难,也许计划赶不上变化,但明确的目标指引和坚定地行动跟随总会使我们更加靠近梦想。走在路上会使自己更踏实更笃定,除了接近目标本身,我们或许还会收获一路的风景,最重要的是你也可能成功。

五、修正反馈

职业生涯的发展不可能是一帆风顺的,规划也不可能是万能的。在实践过程中,必然存在各种问题或不适应,这就需要我们定期反思和总结。职业生涯规划的反馈与修正是指在实现职业生涯目标的过程中,根据实际情况自觉地总结经验和教训,修正对自我的认知和对最终职业目标的界定。

只有在工作实践中,人才能更清楚、更透彻地进行自我认知和定位,才能弄清自己喜爱并适合于从事什么职业,因此,对于职业目标的描述界定期,在刚开始时很可能是模糊抽象的,有时甚至是错误的。在经过了一段时间的努力工作之后,有意识地回顾自身的言行得失,可以检验自我定位是否贴切,职业目标的方向是否对路,是高还是低,职业生涯过程中有哪些经验和教训。通过反馈与修正,我们可以修正对自我的认知,纠正最终职业目标与分阶段职业目标的偏差,保证职业生涯规划行之有效。整个职业生涯规划要在实施中去检验,看效果如何,及时诊断生涯规划各个环节出现的问题,找出相应对策,对规划进行调整与完善。

活动与拓展

【主题】勾勒生命线

【目标】让成员明白生命是有限的,应该学会规划人生;树立理想与目标,并学会如何实现近期目标。

【活动过程】

1. 请成员备好一张洁白的纸,将纸横放。给成员准备一支红黑水笔。须一支较鲜艳,一支较暗淡。要用颜色区分心情。

2. 在纸的上半部分用黑笔写下成员的名字和生命线,构成×××的生命线。在纸的中部,从左至右画一道长长的横线。然后给这条线加上一个箭头,让它成为一条有方向的线。

3. 请成员在线条的左侧,写上"0"这个数字,在线条右方,箭头旁边,写上成员自己预计能活到的岁数。

4. 请成员按照其为自己规定的生命长度,找到目前所在的那个点。

5. 之后,在成员的标志的左边(过去岁月),把对其有着重大影响的事件用笔标出来。如果成员觉得是件快乐的事或令人满意,就用鲜艳的笔来写,并要写在生命线具体岁数的上方。如果那件事给成员带去了伤痛或打击,就在生命线具体岁数下方,用暗淡的颜色把它记录下来。

6. 完成了过去时,进入将来。在成员的坐标线上,把这一生想做的事,都标出来。如果有可能,尽量把时间注明。视它们带来快乐和期待的程度,标在线的上方。

课外资源

【心书推荐】

1. 柯维.高效能人士的七个习惯[M].顾淑馨,常青,译.中国青年出版社,2003.

2. 赛韦特.时间管理[M].王波,译.中信出版社,2004.

3. 徐小平.骑驴找马:职业发展路线图[M].光明日报出版社,2004.

4. 古典.拆掉思维里的墙:原来我还可以这样活[M].吉林出版集团,2011.

5. 古典.你的生命有什么可能[M].湖南文艺出版社,2014.

6. 陆凡.走适合自己的路:智慧生涯规划[M].中国发展出版社,2015.

7. 张志.不要等到毕业以后[M].九州出版社,2014.

8. 马华兴.现在的泪,都是当年脑子进的水[M].九州出版社,2014.

9. 理查德·尼尔森·鲍利斯.你的降落伞是什么颜色?[M]李春雨,王鹏程,陈雁,译.中国华侨出版社,2014.

【观影疗心】

1. 跳出我天地,2000年,导演:史蒂芬·戴德利

2. 楚门的世界,1998年,导演:彼得·威尔

3. 我的教师生涯,2007年,导演:郑克洪

4. 蒙娜丽莎的微笑,2004年,导演:迈克·内威尔

5. 当幸福来敲门,2006年,导演:加布里尔·穆奇诺

6. 穿普拉达的女王,2007年,导演:大卫·弗兰科尔

7. 杜拉拉升职记,2010年,导演:徐静蕾

8. 中国合伙人,2013年,导演:陈可辛

心理测试

霍兰德职业倾向测验量表

本测验量表将帮助您发现并确定自己的职业兴趣和能力特长,从而更好地帮助我们做出求职择业或专业选择的决策。

本测验共七个部分,每部份测验都没有时间限制,但请您尽快按要求完成。

第一部分　您心目中的理想职业(专业)

对于未来的职业(或升学进修的专业),您得早有考虑,它可能很抽象、很朦胧,也可能很具

体、很清晰。不论是哪种情况,现在都请您把自己最想干的3种工作或想读的3种专业,按顺序写下来,并说明理由。请在所填职业/专业的右侧按其在你心目中的清晰程度或具体程度,按从很朦胧/抽象到很清晰/具体分别用1、2、3、4、5来表示,如5分表示它在你心中的影像非常清晰。

一、职业/专业:＿＿＿＿＿＿＿＿＿＿＿＿＿＿ 清晰/具体程度:＿＿＿＿＿

理由:＿＿＿＿＿＿＿＿＿＿＿＿＿＿＿＿＿＿＿＿＿＿＿＿＿＿＿＿＿＿＿＿＿＿＿＿＿＿

＿＿

二、职业/专业:＿＿＿＿＿＿＿＿＿＿＿＿＿＿ 清晰/具体程度:＿＿＿＿＿

理由:＿＿＿＿＿＿＿＿＿＿＿＿＿＿＿＿＿＿＿＿＿＿＿＿＿＿＿＿＿＿＿＿＿＿＿＿＿＿

＿＿

三、职业/专业:＿＿＿＿＿＿＿＿＿＿＿＿＿＿ 清晰/具体程度:＿＿＿＿＿

理由:＿＿＿＿＿＿＿＿＿＿＿＿＿＿＿＿＿＿＿＿＿＿＿＿＿＿＿＿＿＿＿＿＿＿＿＿＿＿

＿＿

以下第二、三、四部分每个类别下的每个小项皆为是否选择题,请选出比较适合你的,与你的情况相符的项目,并按有一项适合的计1分的规则统计分值,将相应分值填写在第六部分的统计项目中。

第二部分　您所感兴趣的活动

下面列举了若干种活动,请就这些活动判断你的好恶。喜欢的计1分,不喜欢的不计分。请将答案直接写在答题纸上。

R:实际型活动	A:艺术型活动
1. 装配修理电器或玩具	1. 素描/制图或绘画
2. 修理自行车	2. 参加话剧/戏剧
3. 用木头做东西	3. 设计家具/布置室内
4. 开汽车或摩托车	4. 练习乐器/参加乐队
5. 用机器做东西	5. 欣赏音乐或戏剧
6. 参加木工技术学习班	6. 看小说/读剧本
7. 参加制图描图学习班	7. 从事摄影创作
8. 驾驶卡车或拖拉机	8. 写诗或吟诗
9. 参加机械和电气学习班	9. 参加艺术(美术/音乐)培训班
10. 装配修理机器	10. 练习书法

I:调查型活动	S:社会型活动
1. 读科技图书或杂志	1. 或单位组织的正式活动
2. 在实验室工作	2. 参加某个社会团体或俱乐部活动
3. 改良水果品种,培育新的水果	3. 帮助别人解决困难
4. 调查了解土和金属等物质的成分	4. 照顾儿童
5. 研究自己选择的特殊问题	5. 出席晚会、联欢会、茶话会
6. 解算术或数学游戏	6. 和大家一起出去郊游
7. 物理课	7. 获得关于心理方面的知识
8. 化学课	8. 参加讲座会或辩论会
9. 几何课	9. 观看或参加体育比赛和运动会
10. 生物课	10. 结交新朋友

E：事业型活动	C：常规型（传统型）活动
1. 鼓动他人	1. 整理好桌面与房间
2. 卖东西	2. 抄写文件和信件
3. 谈论政治	3. 为领导写报告或公务信函
4. 制定计划、参加会议	4. 检查个人收支情况
5. 以自己的意志影响别人的行为	5. 打字培训班
6. 在社会团体中担任职务	6. 参加算盘、文秘等实务培训
7. 检查与评价别人的工作	7. 参加商业会计培训班
8. 结交名流	8. 参加情报处理培训班
9. 指导有某种目标的团体	9. 整理信件、报告、记录等
10. 参与政治活动	10. 写商业贸易信

第三部分　您所擅长获胜的活动

下面列举若干种活动，请选择你能做或大概能做的事。请将答案直接写在答题纸上。

R：实际型能力	A：艺术型能力
1. 能使用电锯、电钻和锉刀等木工工具	1. 能演奏乐器
2. 知道万用电表的使用方法	2. 能参加二部或四部合唱
3. 能够修理自行车或其他机械	3. 独唱或独奏
4. 能够使用电钻钉、磨床或缝纫机	4. 扮演剧中角色
5. 能给家具和木制品刷漆	5. 能创作简单的乐曲
6. 能看建筑设计图	6. 会跳舞
7. 能够修理简单的电气用品	7. 能绘画、素描或书法
8. 能修理家具	8. 能雕刻、剪纸或泥塑
9. 能修理收录机	9. 能设计板报、服装或家具
10. 能简单地修理水管	10. 能写一手好文章

I：调研型能力	S：社会型能力
1. 懂得真空管或晶体管的作用	1. 有向各种人说明解释的能力
2. 能够列举三种蛋白质多的食品	2. 常参加社会福利活动
3. 理解铀的裂变	3. 能和大家一起友好相处地工作
4. 能用计算尺、计算器、对数表	4. 善于与年长者相处
5. 会使用显微镜	5. 会邀请人、招待人
6. 能找到三个星座	6. 能简单易懂地教育儿童
7. 能独立进行调查研究	7. 能安排会议等活动顺序
8. 能解释简单的化学	8. 善于体察人心和帮助他人
9. 能理解人造卫星为什么不落地	9. 帮助护理病人和伤员
10. 经常参加学术的会议	10. 安排社团组织的各种事务

E：事业型能力	C：常规型能力
1. 担任过学生干部并且干得不错	1. 会熟练的打印中文
2. 工作上能指导和监督他人	2. 会用外文打字机或复印机
3. 做事充满活力和热情	3. 能快速记笔记和抄写文章
4. 有效利用自身的做法调动他人	4. 善于整理保管文件和资料
5. 销售能力强	5. 善于从事事务性的工作
6. 曾作为俱乐部或社团的负责人	6. 会用算盘
7. 向领导提出建议或反映意见	7. 能在短时间内分类和处理大量文件
8. 有开创事业的能力	8. 能使用计算机
9. 知道怎样做能成为一个优秀的领导者	9. 能搜集数据
10. 健谈善辩	10. 善于为自己或集体做财务预算表

第四部分　你所喜欢的职业

下面列举了多种职业,请认真地看,请选择你有兴趣的工作,有一项计 1 分,不太喜欢或不关心的工作不选,不计分。请将答案直接写在答题纸上。

R:实际型职业	S:社会型职业
1. 飞机机械师	1. 街道、工会或妇联干部
2. 野生动物专家	2. 小学、中学教师
3. 汽车维修工	3. 精神病医生
4. 木匠	4. 婚姻介绍所工作人员
5. 测量工程师	5. 体育教练
6. 无线电报务员	6. 福利机构负责人
7. 园艺师	7. 心理咨询员
8. 长途公共汽车司机	8. 共青团干部
9. 电工	9. 导游
10. 火车司机	10. 国家机关工作人员

I:调研型职业	E:事业型职业
1. 气象学或天文学者	1. 厂长
2. 生物学者	2. 电视片编制人
3. 医学实验室的技术人员	3. 公司经理
4. 人类学者	4. 销售员
5. 动物学者	5. 不动产推销员
6. 化学者	6. 广告部长
7. 教学者	7. 体育活动主办者
8. 科学杂志的编辑或作家	8. 销售部长
9. 地质学者	9. 个体工商业者
10. 物理学者	10. 企业管理咨询人员

A:艺术型职业	C:常规型职业
1. 乐队指挥	1. 会计师
2. 演奏家	2. 银行出纳员
3. 作家	3. 税收管理员
4. 摄影家	4. 计算机操作员
5. 记者	5. 簿记人员
6. 画家、书法家	6. 成本核算员
7. 歌唱家	7. 文书档案管理员
8. 作曲家	8. 打字员
9. 电影电视演员	9. 法庭书记员
10. 电视节目主持人	10. 人员普查登记员

第五部分　您的能力类型简评

下面两张表是您在 6 个职业能力方面的自我评定表。您可先与同龄人比较出自己在每一方面的能力,然后斟酌后对自己的能力作评估。请在表中适当的数字上画圈,数值越大表明您的能力越强。

注意,请勿画同样的数字,因为人的每项能力不会完全一样的。

表 A

R型	I型	A型	S型	E型	C型
机械操作能力	科学研究能力	艺术创作能力	解释表达能力	商业洽谈能力	事务执行能力
7	7	7	7	7	7
6	6	6	6	6	6
5	5	5	5	5	5
4	4	4	4	4	4
3	3	3	3	3	3
2	2	2	2	2	2
1	1	1	1	1	1

表 B

R型	I型	A型	S型	E型	C型
体育技能	数学技能	音乐技能	交际技能	领导技能	办公技能
7	7	7	7	7	7
6	6	6	6	6	6
5	5	5	5	5	5
4	4	4	4	4	4
3	3	3	3	3	3
2	2	2	2	2	2
1	1	1	1	1	1

第六部分　统计

测试内容		R型 实际型	I型 调查型	A型 艺术型	S型 社会型	E型 事业型	C型 常规型
第二部分	兴趣						
第三部分	擅长						
第四部分	喜欢						
第五部分A	能力						
第五部分B	技能						
总　分							

第七部分　您所看重的东西——职业价值观

这一部分测验列出了人们在选择工作时通常会考虑的9种因素(见所附工作价值标准)。现在请您在其中选出最重要的两项因素,并将填入下面相应空格上。

最重要:_____　　次重要:_____　　最不重要:_____　　次不重要:_____

附:工作价值标准

1. 工资高、福利好　　　2. 工作环境(物质方面)舒适　　3. 人际关系良好

4. 工作稳定有保障　　　5. 能提供较好的受教育机会　　6. 有较高的社会地位

7. 工作不太紧张、外部压力少　8. 能充分发挥自己的能力特长　9. 社会需要与社会贡献大

以上全部测验完毕。

现在,将你测验得分居第一位的职业类型找出来,对照下表,判断一下自己适合的职业类型。

职业索引——职业兴趣代号与其相应的职业对照表:

1. 现实型:(R)

共同特点:愿意使用工具从事操作性工作,动手能力强,做事手脚灵活,动作协调。偏好于具体任务,不善言辞,做事保守,较为谦虚。缺乏社交能力,通常喜欢独立做事。

典型职业:喜欢使用工具、机器,需要基本操作技能的工作。对要求具备机械方面才能、体力或从事与物件、机器、工具、运动器材、植物、动物相关的职业有兴趣,并具备相应能力。如:技术性职业(计算机硬件人员、摄影师、制图员、机械装配工),技能性职业(木匠、厨师、技工、修理工、农民、一般劳动)。

2. 研究型:(I)

共同特点:思想家而非实干家,抽象思维能力强,求知欲强,肯动脑,善思考,不愿动手。喜欢独立的和富有创造性的工作。知识渊博,有学识才能,不善于领导他人。考虑问题理性,做事喜欢精确,喜欢逻辑分析和推理,不断探讨未知的领域。

典型职业:喜欢智力的、抽象的、分析的、独立的定向任务,要求具备智力或分析才能,并将其用于观察、估测、衡量、形成理论、最终解决问题的工作,并具备相应的能力。如科学研究人员、教师、工程师、电脑编程人员、医生、系统分析员。

3. 艺术型:(A)

共同特点:有创造力,乐于创造新颖、与众不同的成果,渴望表现自己的个性,实现自身的价值。做事理想化,追求完美,不重实际。具有一定的艺术才能和个性。善于表达、怀旧、心态较为复杂。

典型职业:喜欢的工作要求具备艺术修养、创造力、表达能力和直觉,并将其用于语言、行为、声音、颜色和形式的审美、思索和感受,具备相应的能力。不善于事务性工作。如艺术方面(演员、导演、艺术设计师、雕刻家、建筑师、摄影家、广告制作人),音乐方面(歌唱家、作曲家、乐队指挥),文学方面(小说家、诗人、剧作家)。

4. 社会型:(S)

共同特征:喜欢与人交往、不断结交新的朋友、善言谈、愿意教导别人。关心社会问题、渴望发挥自己的社会作用。寻求广泛的人际关系,比较看重社会义务和社会道德。

典型职业:喜欢要求与人打交道的工作,能够不断结交新的朋友,从事提供信息、启迪、帮助、培训、开发或治疗等事务,并具备相应能力。如:教育工作者(教师、教育行政人员),社会工作者(咨询人员、公关人员)。

5. 企业型:(E)

共同特征:追求权力、权威和物质财富,具有领导才能。喜欢竞争、敢冒风险、有野心、抱负。为人务实,习惯以利益得失、权利、地位、金钱等来衡量做事的价值,做事有较强的目的性。

典型职业:喜欢要求具备经营、管理、劝服、监督和领导才能,以实现机构、政治、社会及经济目标的工作,并具备相应的能力。如项目经理、销售人员、营销管理人员、政府官员、企业领导、法官、律师。

6. 常规型:(C)

共同特点:尊重权威和规章制度,喜欢按计划办事,细心、有条理,习惯接受他人的指挥和领导,自己不谋求领导职务。喜欢关注实际和细节情况,通常较为谨慎和保守,缺乏创造性,不喜欢冒险和竞争,富有自我牺牲精神。

典型职业:喜欢要求注意细节、精确度、有系统有条理,具有记录、归档、据特定要求或程序组织数据和文字信息的职业,并具备相应能力。如:秘书、办公室人员、记事员、会计、行政助理、图书馆管理员、出纳员、打字员、投资分析员。

下面介绍与你3个代号的职业兴趣类型一致的职业兴趣代号表,对照的方法如下:首先根据你的职业兴趣代号,在下表中找出相应的职业,例如你的职业兴趣代号是 RIA,那么牙科技术人员、陶工等是适合你兴趣的职业。然后寻找与你职业兴趣代号相近的职业,如你的职业兴趣代号是 RIA,那么,其他由这三个字母组合成的编号(如 IRA、IAR、ARI 等)对应的职业,也较适合你的兴趣。

RIA:牙科技术员、陶工、建筑设计员、模型工、细木工、制作链条人员。

RIS:厨师、林务员、跳水员、潜水员、染色员、电器修理、眼镜制作、电工、纺织机器装配工、服务员、装玻璃工人、发电厂工人、焊接工。

RIE:建筑和桥梁工程、环境工程、航空工程、公路工程、电力工程、信号工程、电话工程、一般机械工程、自动工程、矿业工程、海洋工程、交通工程技术人员、制图员、家政经济人员、计量员、农民、农场工人、农业机械操作、清洁工、无线电修理、汽车修理、手表修理、管工、线路装配工、工具仓库管理员。

RIC:船上工作人员、接待员、杂志保管员、牙医助手、制帽工、磨坊工、石匠、机器制造、机车(火车头)制造、农业机器装配、汽车装配工、缝纫机装配工、钟表装配和检验、电动器具装配、鞋匠、锁匠、货物检验员、电梯机修工、托儿所所长、钢琴调音员、装配工、印刷工、建筑钢铁工作、卡车司机。

RAI:手工雕刻、玻璃雕刻、制作模型人员、家具木工、制作皮革品、手工绣花、手工钩针纺织、排字工作、印刷工作、图画雕刻、装订工。

RSE:消防员、交通巡警、警察、门卫、理发师、房间清洁工、屠夫、锻工、开凿工人、管道安装工、出租汽车驾驶员、货物搬运工、送报员、勘探员、娱乐场所的服务员、起卸机操作工、灭害虫者、电梯操作工、厨房助手。

RSI:纺织工、编织工、农业学校教师、某些职业课程教师(诸如艺术、商业、技术、工艺课程)、雨衣上胶工。

REC:抄水表员、保姆、实验室动物饲养员、动物管理员。

REI:轮船船长、航海领航员、大副、试管实验员。RES:旅馆服务员、家畜饲养员、渔民、渔网修补工、水手长、收割机操作工、搬运行李工人、公园服务员、救生员、登山导游、火车工程技术员、建筑工作、铺轨工人。

RCI：测量员、勘测员、仪表操作者、农业工程技术、化学工程技师、民用工程技师、石油工程技师、资料室管理员、探矿工、煅烧工、烧窑工、矿工、保养工、磨床工、取样工、样品检验员、纺纱工、炮手、漂洗工、电焊工、锯木工、刨床工、制帽工、手工缝纫工、油漆工、染色工、按摩工、木匠、农民建筑工作、电影放映员、勘测员助手。

RCS：公共汽车驾驶员、一等水手、游泳池服务员、裁缝、建筑工作、石匠、烟囱修建工、混凝土工、电话修理工、爆炸手、邮递员、矿工、裱糊工人、纺纱工。

RCE：打井工、吊车驾驶员、农场工人、邮件分类员、铲车司机、拖拉机司机。

IAS：普通经济学家、农场经济学家、财政经济学家、国际贸易经济学家、实验心理学家、工程心理学家、心理学家、哲学家、内科医生、数学家。

IAR：人类学家、天文学家、化学家、物理学家、医学病理、动物标本剥制者、化石修复者、艺术品管理者。

ISE：营养学家、饮食顾问、火灾检查员、邮政服务检查员。

ISC：侦察员、电视播音室修理员、电视修理服务员、验尸室人员、编目录者、医学实验定技师、调查研究者。

ISR：水生生物学者、昆虫学者、微生物学家、配镜师、矫正视力者、细菌学家、牙科医生、骨科医生。

ISA：实验心理学家、普通心理学家、发展心理学家、教育心理学家、社会心理学家、临床心理学家、目标学家、皮肤病学家、精神病学家、妇产科医师、眼科医生、五官科医生、医学实验室技术专家、民航医务人员、护士。

IES：细菌学家、生理学家、化学专家、地质专家、地理物理学专家、纺织技术专家、医院药剂师、工业药剂师、药房营业员。

IEC：档案保管员、保险统计员。

ICR：质量检验技术员、地质学技师、工程师、法官、图书馆技术辅导员、计算机操作员、医院听诊员、家禽检查员。

IRA：地理学家、地质学家、声学物理学家、矿物学家、古生物学家、石油学家、地震学家、声学物理学家、原子和分子物理学家、电学和磁学物理学家、气象学家、设计审核员、人口统计学家、数学统计学家、外科医生、城市规划家、气象员。

IRS：流体物理学家、物理海洋学家、等离子体物理学家、农业科学家、动物学家、食品科学家、园艺学家、植物学家、细菌学家、解剖学家、动物病理学家、作物病理学家、药物学家、生物化学家、生物物理学家、细胞生物学家、临床化学家、遗传学家、分子生物学家、质量控制工程师、地理学家、兽医、放射性治疗技师。

IRE：化验员、化学工程师、纺织工程师、食品技师、渔业技术专家、材料和测试工程师、电气工程师、土木工程师、航空工程师、行政官员、冶金专家、原子核工程师、陶瓷工程师、地质工程师、电力工程量、口腔科医生、牙科医生。

IRC：飞机领航员、飞行员、物理实验室技师、文献检查员、农业技术专家、动植物技术专家、生物技师、油管检查员、工商业规划者、矿藏安全检查员、纺织品检验员、照相机修理者、工程技术员、编计算程序者、工具设计者、仪器维修工。

CRI：簿记员、会计、记时员、铸造机操作工、打字员、按键操作工、复印机操作工。

CRS：仓库保管员、档案管理员、缝纫工、讲述员、收款人。

CRE：标价员、实验室工作者、广告管理员、自动打字机操作员、电动机装配工、缝纫机操作工。

CIS：记账员、顾客服务员、报刊发行员、土地测量员、保险公司职员、会计师、估价员、邮政检查员、外贸检查员。

CIE：打字员、统计员、支票记录员、订货员、校对员、办公室工作人员。

CIR：校对员、工程职员、海底电报员、检修计划员、发扳员。

CSE：接待员、通讯员、电话接线员、卖票员、旅馆服务员、私人职员、商学教师、旅游办事员。

CSR：运货代理商、铁路职员、交通检查员、办公室通信员、簿记员、出纳员、银行财务职员。

CSA：秘书、图书管理员、办公室办事员。

CER：邮递员、数据处理员、办公室办事员。

CEI：推销员、经济分析家。

CES：银行会计、记账员、法人秘书、速记员、法院报告人。

ECI：银行行长、审计员、信用管理员、地产管理员、商业管理员。

ECS：信用办事员、保险人员、各类进货员、海关服务经理、售货员,购买员、会计。

ERI：建筑物管理员、工业工程师、农场管理员、护士长、农业经营管理人员。

ERS：仓库管理员、房屋管理员、货栈监督管理员。

ERC：邮政局长、渔船船长、机械操作领班、木工领班、瓦工领班、驾驶员领班。

EIR：科学、技术和有关周期出版物的管理员。

EIC：专利代理人、鉴定人、运输服务检查员、安全检查员、废品收购人员。

EIS：警官、侦察员、交通检验员、安全咨询员、合同管理者、商人。

EAS：法官、律师、公证人。

EAR：展览室管理员、舞台管理员、播音员、训兽员。

ESC：理发师、裁判员、政府行政管理员、财政管理员、工程管理员、职业病防治、售货员、商业经理、办公室主任、人事负责人、调度员。

ESR：家具售货员、书店售货员、公共汽车的驾驶员、日用品售货员、护士长、自然科学和工程的行政领导。

ESI：博物馆管理员、图书馆管理员、古迹管理员、饮食业经理、地区安全服务管理员、技术服务咨询者、超级市场管理员、零售商品店店员、批发商、出租汽车服务站调度。

ESA：博物馆馆长、报刊管理员、音乐器材售货员、广告商售画营业员、导游、(轮船或班机上的)事务长、飞机上的服务员、船员、法官、律师。

ASE：戏剧导演、舞蹈教师、广告撰稿人,报刊、专栏作者、记者、演员、英语翻译。

ASI：音乐教师、乐器教师、美术教师、管弦乐指挥,合唱队指挥、歌星、演奏家、哲学家、作家、广告经理、时装模特。

AER：新闻摄影师、电视摄影师、艺术指导、录音指导、丑角演员、魔术师、木偶戏演员、骑士、跳水员。

AEI：音乐指挥、舞台指导、电影导演。

AES：流行歌手、舞蹈演员、电影导演、广播节目主持人、舞蹈教师、口技表演者、喜剧演员、模特。

AIS：画家、剧作家、编辑、评论家、时装艺术大师、新闻摄影师、演员、文学作者。

AIE：花匠、皮衣设计师、工业产品设计师、剪影艺术家、复制雕刻品大师。

AIR：建筑师、画家、摄影师、绘图员、环境美化工、雕刻家、包装设计师、陶器设计师、绣花工、漫画工。

SEC：社会活动家、退伍军人服务人员、工商会事务代表、教育咨询者、宿舍管理员、旅馆经理、饮食服务管理员。

SER：体育教练、游泳指导。

SEI：大学校长、学院院长、医院行政管理员、历史学家、家政经济学家、职业学校教师、资料员。

SEA：娱乐活动管理员、国外服务办事员、社会服务助理、一般咨询者、宗教教育工作者。

SCE：部长助理、福利机构职员、生产协调人、环境卫生管理人员、戏院经理、餐馆经理、售票员。

SRI：外科医师助手、医院服务员。

SRE：体育教师、职业病治疗者、体育教练、专业运动员、房管员、儿童家庭教师、警察、引座员、传达员、保姆。

SRC：护理员、护理助理、医院勤杂工、理发师、学校儿童服务人员。

SIA：社会学家、心理咨询者、学校心理学家、政治科学家、大学或学院的系主任、大学或学院的教育学教师、大学农业教师、大学工程和建筑课程的教师、大学法律教师、大学数学、医学、物理、社会科学和生命科学的教师、研究生助教、成人教育教师。

SIE：营养学家、饮食学家、海关检查员、安全检查员、税务稽查员、校长。

SIC：描图员、兽医助手、诊所助理、体检检查员、监督缓刑犯的工作者、娱乐指导者、咨询人员、社会科学教师。

SIR：理疗员、救护队工作人员、手足病医生、职业病治疗助手。

参考文献

1. 崔丽娟等.心理学是什么[M].北京：北京大学出版社,2002.

2. 吴增强.学校心理辅导通论[M].上海：上海科技教育出版社,2004.

3. 廖冉等.90后大学生积极心理健康教程[M].北京：中国物质出版社,2012.

4. 苏碧洋.大学生心理健康教育与辅导[M].福建：厦门大学出版社,2012.

5. 吴萍娜.大学生心理健康与发展：我的大学,从"心"开始[M].福建：厦门大学出版社,2013.

第九章 大学生生命教育与心理危机应对

小小日记

　　今天我读了一本书，书名是《不理会太阳的向日葵》。书的作者叫陈子衿，不幸罹患两种癌症，从7岁开始不断与病魔搏斗。从小在药味、消毒水味以及"刀光血影"的伴随下成长的陈子衿，并没有消沉和丧失意志，她通过作书鼓励大家勇敢面对生命中的磨难，绝不要轻言放弃！看了这本书我十分感动，花样的年华却有别样的坚强，我要向陈子衿学习，向生命致敬！

点　评

　　面对一个花季少女的艰苦人生，看着她笑中带泪的自嘲与豁达，我们每一个健康人都会感叹生命的坚强与伟大！学会感恩，学会宽容，学会珍惜，我们已经拥有的一切是上苍最好的馈赠。生命教育与心理危机干预是大学生感恩生命的重要一课。

学习目标

　　1. 认识生命的价值

　　2. 感悟生命的珍贵

　　3. 学会大学生心理危机干预的具体方法

第一节　生命的价值

生命是世界上最宝贵的财富,所有的财富都可以失而复得,唯有生命只有一次。

【名人名言】

人生天地之间,若白驹之过隙,忽然而已。——庄周

我以为人们在每一时期都可以过有趣而有用的生活。我们应该不虚度一生,应该能够说,"我们已经做了我能做的事",人们只能要求我们如此,而且只有这样我们才能有一点快乐。——居里夫人

盛年不重来,一日难再晨。——陶潜

尊重生命、尊重他人也尊重自己的生命,是生命进程中的伴随物,也是心理健康的一个条件。——弗洛姆

生命体现了世间万物的生存意义,是生命给了万物独一无二的过程。小小的日记里提到的这本书《不理会太阳的向日葵》的确是一本生命的礼赞,我们来看看这本书里的一些节选内容。

《不理会太阳的向日葵》节选

大家好啊!我回来啦,经过了10天的住院,没有机会跟大家问候,这几天大家好不好啊?这次手术切除了肝脏的左叶,留下了30公分、L型的疤痕,听说Lexus的车不错,但我也不差,累积至今早就超过百万身价了喔!切除的肝脏经化验后,证实为"胆管癌",所以我又多了一个癌症,又多了一张重大伤病卡,不知道收集到两张可以向保健局兑换什么奖品?嘿嘿～嘿嘿。

生命真是无常的一件事,我相信大家一定都有很多烦恼,工作上的、学业上的、爱情、婚姻……等等,而我最大的烦恼就是健康,因为我失去了健康,却同时免除了工作、学业、爱情、婚姻等困扰。因为我不能上班、

不能上学、爱我的人走了、没人爱也不用烦恼结婚，你问我难过吗？废话～～我希望这一切都是一场梦！希望醒来以后，我是一个忙碌的实习老师，每天被学生折磨得团团转，被主任骂、被别的老师欺负仍然高兴地笑呵呵。我希望醒来以后，我有一双飞毛腿，可以尝试与风追逐的滋味。

当然，人生不是一场梦，我知道，我很多的梦想并不会有实现的一天，在血泪交织中，我努力地爬起来，用力地以我微小的力量，让我的生命发光发热。我的气色好得不得了，红光满面的，看起来实在不像癌症病人，更不像同时得了两种癌症的病人，整天笑眯眯的，用我的美色骗取友谊，不要怀疑，尼姑也有美丽的，阿弥陀佛～嘻嘻。也许你正在为了一些事情烦恼，但愿，在分享我的故事后，能更加珍惜你所拥有的一切！

不同的人对于生命的意义见解不同。只有懂得生命真谛的人才可以使短促的生命延长而富有真实的意义。那么，生命的真谛究竟是什么呢？笔者认为，生命的真谛就是：同世相处，与时俱进，不息奋斗，随遇而安。这是一种生命的境界，有了这样的境界，才能赋予生命真正的意义。具体说来生命的意义有三：

一、奋斗

巴金曾经说过："奋斗就是生活，人生只有前进"。我们如果不奋斗就会落后，如果不经坎坷就不会成功！就像霍金，他在1963年被确诊为肌肉萎缩症，医生认为他只能活两年，而他坚持到了现在，取得了很大的成就，获得学术界与大众一致的敬重。1970年，他不得不借助轮椅生活，已有30余年之久，但他始终坚持物理学研究，甚至在丧失说话功能后，仍然依靠机器工作，他的病情越来越严重，但他始终坚持奋斗，坚强地活着，他所带给人们的不仅仅是科学的智慧，还有人类最可贵的奋斗精神。奋斗是可以改变命运的。而这些都掌握在自己的手上。霍金没有放弃自己，一直在努力的坚持，勇于奋斗的他终于成功了。

二、付出

生命的意义就在于付出，穷则独善其身，达则兼济天下，能力不同，付出的程度也不同。我们可以心系父母，心系学习、心系工作、心系社会、心系国家，每一次真诚的付出，都是一次精神境界的提升。诺贝尔付出了，所以他成为了"炸药工业之父"；陈景润付出了，所以他摘到了数学王冠的明珠；爱迪生付出了，所以他成为了"世界发明大王"。

谋事在人 成事在天 不懈努力 辉煌人生 拼搏

三、理想

学而思创始人兼珍品网创始人曹允东在参加北京大学生命科学院 2014 届毕业典礼时这样对毕业生说："生命的价值在于不断的追逐内心的想法,实现自己平凡亦或伟大的理想。

这与别人无关,与社会无关,与赚钱无关。真心希望大家能够内心真正的强大,这样你才能顶住社会的压力、顶住买房的压力、顶住各种各样的世俗的压力。我害怕大家在经济社会的滚滚洪流下迷失了自我,否定了自我。不论外界如何变化,我们要跟随自己的内心,跟随自己的理想。也许你的理想离你很远,也许你的理想被人嘲笑,也许你的理想终其一生也无法实现。但我知道,不管你有什么样的梦想,不管你是卖猪肉、还是做院士、还是做总理。只要你为理想追逐过,奋斗过,你都会为此而感到骄傲!"

第二节　感　悟　生　命

一、学会感恩

感恩是一种处世哲学,也是生活中的大智慧。一个智慧的人,不应该为自己没有的斤斤计较,也不应该一味索取和使自己的私欲膨胀。学会感恩,为自己已有的而感恩,感谢生活给你的赠予。这样你才会有一个积极的人生观,总能健康的心态。

【互动游戏】

感恩斥责你的人,因为 _____

感恩绊倒你的人,因为 _____

感恩欺骗你的人,因为 _____

感恩伤害你的人,因为 _____

二、学会宽容

学会宽容,是一种豁达、大度的做人方法。生活中宽容的力量巨大。因为批评会让人不服,谩骂会让人厌恶,羞辱会让人恼火,威胁会让人愤怒。唯有宽容让人无法躲避,无法退却,无法阻挡,无法反抗。蔺相如对廉颇傲慢无礼的宽容忍让,最终感化廉颇负荆请罪,留下将相和千古美谈,使赵国虽小而无人敢犯;周总理以其容纳天地的博大胸怀,在外交上奉行求同存异、和平共处方针,造就了他伟大人格,树立了中华民族的大国风范。同样,同学间团结和睦需要宽容,夫妻间白头偕老离不开宽容,一个健康文明进步的社会处处离不开宽容。假如没有了宽容,则国与国之间会兵戎相见,人与人之间会拳脚相加,社会将因此变得黯然。

三、学会珍惜

珍惜是一种美德,也是一种能力,更是一种智慧。珍惜每一秒钟,你可以给老人一份开心,让老人慈善的笑容永留人间;你可以给父母一份孝心,营造更加和谐的家庭气氛;你可以给朋友一份帮助,搭建更加坚固的友谊之桥;你可以给自己一个微笑,让自己的心情变得更加轻松。珍惜活泼的青春年华、珍惜每一次学习的机会、珍惜宝贵的生命。

第三节 心理危机与应对

一、心理危机概述

心理危机是指由于突然遭受严重灾难、重大生活事件或精神压力,使生活状况发生明显的变化,尤其是出现了用现有的生活条件和经验难以克服的困难,以致当事人陷于痛苦、不安状态,常伴有绝望、麻木不仁、焦虑以及植物神经症状和行为障碍。

1. 心理危机的反应表现

(1) 当个体面对危机时会产生一系列身心反应,一般危机反应会维持6—8周。危机反应主要表现在生理上、情绪上、认知上和行为上。

(2) 生理方面:肠胃不适、腹泻、食欲下降、头痛、疲乏、失眠、做恶梦、容易惊吓、感觉呼吸困难或窒息、哽塞感、肌肉紧张等。

(3) 情绪方面:常出现害怕、焦虑、恐惧、怀疑、不信任、沮丧、忧郁、悲伤、易怒、绝望、无助、麻木、否认、孤独、紧张、不安、愤怒、烦躁、自责、过分敏感或警觉、无法放松、持续担忧、担心家人安全,害怕死去等。

(4) 认知方面:常出现注意力不集中、缺乏自信、无法做决定,健忘、效能降低、不能把思想从危机事件上转移等。

(5) 行为方面:社交退缩、逃避与疏离,不敢出门、容易自责或怪罪他人、不易信任他人等。

2. 心理危机的发展阶段

(1) 冲击期,发生在危机事件发生后不久或当时,感到震惊、恐慌、不知所措。

(2) 防御期,表现为想恢复心理上的平衡,控制焦虑和情绪紊乱,恢复受到损害的认识功能。但不知如何做,会出现否认、合理化等。

(3) 解决期,积极采取各种方法接受现实,寻求各种资源努力设法解决问题。焦虑减轻,自信增加,社会功能恢复。

(4) 成长期,经历了危机变得更成熟,获得应对危机的技巧。但也有人消极应对而出现种种心理不健康的行为。

二、大学生面临的心理危机

1. 心理危机的分类

（1）成才性危机。对大学生来说，每个人都期望成才，都有超越他人的欲望，这种竞争事实上是激烈的也是残酷的，其表现为自己在参与社会竞争活动中追求个人发展的一种失当行为。如学业、就业等方面遇到的危机。

（2）境遇性危机。这种危机主要是指当出现罕见或突如其来的悲剧性事件时，个人对其无法预测和控制的危机，如意外交通事故、地震、绑架、强奸、突发的重大疾病等。

（3）现实存在性危机。是指伴随重要的人生目的、人生责任和未来发展等内部压力的冲突和焦虑。如经济、家庭变故、人际关系、恋爱等方面遇到的危机。

（4）病理性心理危机。由于某些心理障碍或心理疾病可能导致心理危机的产生，如抑郁、焦虑、紧张等，这是由神经症导致心理危机的发生。也有些是由行为异常引发危机，如品行障碍或违纪犯罪等。

2. 大学生心理危机的特点

一是突发性。心理危机常常是出乎人意料的，而且具有不可控制性。二是紧急性。大学生心理危机的出现如同急性疾病的爆发一样，需要紧急应对、及时反应和给予帮助服务。三是痛苦性。心理危机给大学生带来的体验一般是痛苦的，而且还可能涉及到人格尊严丧失或者羞辱等。四是无助性。对于心理危机的突然降临，一些大学生会感到无所适从，使得自己的生涯规划与生活计划等受到破坏和威胁。五是危险性。这种危险可能涉及到大学生的日常学习与人际交往等，严重的还可能危及人身安全和生命。

3. 大学生心理危机的应对

（1）心理危机发生前：在日常教育中加强和落实大学生心理危机意识和心理健康教育，培养学生良好的认知方式和健全的人格，提高危机应对的心理准备和应变能力；每年对大学新生进行心理健康普查，建立大学生心理健康档案，并根据普查结果筛选出心理危机高危个体，以便做到心理问题早期发现、早期干预，防患于未然。

（2）心理危机过程中：有切实可行的干预方法。心理危机干预的时间一般在危机发生后的数小时、数天或是数星期，干预的最佳时期一般在事件发生24小时之后、72小时之前。大学生心理干预要把握及时性、灵活性、方便性、短期性和创造性。

（3）心理危机处理后：有适当的抚慰与成长教育，使大学生能从心理危机中学习到有效的自我调节方法。

三、大学生自杀的识别与救助

自杀是世界性的一种社会流行病，是人类的主要死因之一，在年轻人中尤为突出。WHO报告，每年全世界大约有100万人死于自杀，这个数目为暴力死亡人数的两倍。每40秒就有一个人自杀身亡。据中国社会调查所一项调查显示，26％受访大学生有过自杀想法。

1. 识别心理危机干预的高危对象

存在下列因素之一的大学生,应作为心理危机干预的高危个体予以特别关注:情绪低落、抑郁、不与家人或朋友交往者,过去有过自杀企图或行为者,经常有自杀意念者;存在诸如失恋、学业失败、躯体疾病、家庭变故、人际冲突等明显的动机冲突或突遭重挫者,亲友中有自杀史或自杀倾向者;人格有明显缺陷者;长期有睡眠障碍者;有强烈的罪恶感、缺陷感或不安全感者;感到社会支持系统长期缺乏或丧失,感到自己无能,看不到"出路"者,有明显的精神障碍者;存在明显的攻击性行为或暴力倾向,或其他可能对自身、他人、社会造成危害者。

2. 识别高危预警信号

对近期发出下列警示信号的大学生,应作为心理危机的重点干预对象及时进行危机评估与干预:谈论过自杀并考虑过自杀计划和方法,包括在信件、日记、图画、网络或乱涂乱画的只言片语中流露死亡念头者;不明原因突然给同学、朋友或家人送礼物、请客、赔礼道歉、述说告别的话等,以及行为明显改变者;情绪突然明显异常者,如特别烦躁,高度焦虑、恐惧,易感情冲动,或情绪异常低落,或情绪突然从低落变为平静,或饮食睡眠受到严重影响等。尽管产生严重心理危机的大学生只是少数,但他们对高校精神文明建设和安全稳定、他人的正常生活和自己的生存发展甚至生命可能产生的危害不容小视,需要我们予以特别的关注。

3. 心理危机干预的步骤

(1) 通知辅导员老师、心理老师,启动危机干预三级体系。

(2) 保证当事人的安全(避免当事人落单,保护当事人安全)。

(3) 强调与当事人进行积极的沟通与交流,积极、无条件接纳当事人。

(4) 进行心理辅导。

(5) 帮助当事人制定计划。

(6) 获得当事人诚实、直接的承诺。

4. 心理危机干预技术

(1) 陪伴

建立良好的关系从心理陪伴开始。首先不要急于侵入和打断当事人目前的精神状态,为当事人先提供最有力的心理支持。

(2) 学会倾听

倾听当事人需要什么,担心什么,帮助其宣泄内心积压的恐惧和焦虑,此时当事人愿意哭泣,也是很好的一个迹象,不要打断对方,让其充分宣泄是后面充分沟通的前提。

(3) 学会鼓励

需要表达时,不要聚焦于当事人的无助感、无力感和错误,要积极关注当事人做了什么有效的行为,或者付出的对别人的帮助,从而帮助其找到自己的价值。

(4) 学会求助

如果你身边的同学处于自杀的危险当中,一定不要隐藏这一信息,尽管有时当事人并不希望学校和老师知道。但是生命对于每个人而言都只有一次,遇到这样重大的问题,心理委员和身边同学都应学会主动求助,让专业的老师和机构帮助同学调整认知,走出阴霾。

【心书推荐】

1. 王文科.生命教育概论[M].广州：广东高等教育出版社,2008.

2. 冯建军.生命与教育[M].北京：教育科学出版社,2004.

3. 华特士.生命教育：与孩子一同迎向人生挑战[M].成都：四川大学出版社,2006.

4. 黄旭,张文质.生命教育[M].福州：福建教育出版社,2008.

5. 郑晓江.生命教育演讲录[M].南昌：江西人民出版社,2008.

6. 徐广兴.创伤危机干预心理案例集[M].上海：上海教育出版社,2010.

7. 段鑫星,程婧.大学生心理危机干预[M].北京：科学出版社,2006.

8. 边玉芳.青少年心理危机干预[M].上海：华东师范大学出版社,2010.

【观影疗心】

1. 攻其不备,2009年,导演：约翰·李·汉考

2. 楚门的世界,1988年,导演：彼得·威尔

3. 生命之树,2011年,导演：泰伦斯·马立克

【网络课堂】

1. 尼克·胡哲：我和世界不一样

http://v. kHQ. . . htmlu6. com/show/I6XngP4XjuDeUUJkIWTy

2. 张纯：心理危机干预讲座

Http://www. 56. com/u36/v_NDU2MDU4NzU. html

心理测试

自杀态度调查问卷

本问卷旨在了解青少年对自杀的态度,以期为我国的自杀预防工作提供资料与指导,以下每个题目后面都有5个选择,请仔细阅读,根据你的认识和态度来选择相应的答案。(1. 完全赞同;2. 赞同;3. 中立;4. 不赞同;5. 完全不赞同)

1. 自杀是一种疯狂的行为。   1 2 3 4 5

2. 自杀死亡者应与自然死亡者享受同样的待遇。   1 2 3 4 5

3. 一般情况下,我不愿意和有过自杀行为的人深交。   1 2 3 4 5

4. 在整个自杀事件中,最痛苦的是自杀者的家属。   1 2 3 4 5

5. 对于身患绝症又极度痛苦的病人,可由医务人员在法律的支持下帮助病人结束生命(主动安乐死)。   1 2 3 4 5

6. 在处理自杀事件过程中,应该对其家属表示同情和关心并尽可能为他们提供帮助。   1 2 3 4 5

7. 自杀是对人生命尊严的践踏。   1 2 3 4 5

8. 不应为自杀死亡者开追悼会。 1 2 3 4 5

9. 如果我的朋友自杀未遂,我会比以前更关心他。 1 2 3 4 5

10. 如果我的邻居家里有人自杀,我会逐渐疏远和他们的关系。 1 2 3 4 5

11. 安乐死是对人生命尊严的践踏。 1 2 3 4 5

12. 自杀是对家庭和社会一种不负责任的行为。 1 2 3 4 5

13. 人们不应该对自杀死亡者评头论足。 1 2 3 4 5

14. 我对那些反复自杀者很反感,因为他们常常将自杀作为一种控制别人的手段。

1 2 3 4 5

15. 对于自杀,自杀者的家属在不同程度上都应负有一定的责任。 1 2 3 4 5

16. 假如我自己身患绝症又处于极度痛苦之中,我希望医务人员能帮助我结束自己的
生命。 1 2 3 4 5

17. 个体为某种伟大的、超过人生命价值的目的而自杀是值得赞许的。 1 2 3 4 5

18. 一般情况下,我不愿去看望自杀未遂者,即使是亲人或好朋友也不例外。

1 2 3 4 5

19. 自杀只是一种生命现象,无所谓道德上的好与坏。 1 2 3 4 5

20. 自杀未遂者不值得同情。 1 2 3 4 5

21. 对于身患绝症又极度痛苦的病人,可不再为其进行维持生命的治疗(被动安乐死)。

1 2 3 4 5

22. 自杀是对亲人、朋友的背叛。 1 2 3 4 5

23. 人有时为了尊严和荣誉而不得不自杀。 1 2 3 4 5

24. 在交友时,我不太介意对方是否有过自杀行为。 1 2 3 4 5

25. 对自杀未遂者应给予更多的关心与帮助。 1 2 3 4 5

26. 当生命已无欢乐可言时,自杀是可以理解的。 1 2 3 4 5

27. 假如我自己身患绝症又处于极度痛苦之中,我不愿再接受维持生命的治疗。

1 2 3 4 5

28. 一般情况下,我不会和家中有过自杀者的人结婚。 1 2 3 4 5

29. 人应有选择自杀的权利。 1 2 3 4 5

众所周知,一个国家或地区的自杀率高低与其居民对自杀的态度具有密切的关系,有效的自杀预防项目必须以对公众自杀态度的深入了解为基础。本文介绍我们自编的"自杀态度问卷(Suicide Attitude Questionnaire,QSA)"。

QSA 共 29 个条目,都是关于自杀态度的陈述,分为如下 4 个维度:

1. 对自杀行为性质的认识(F1);

2. 对自杀者的态度(F2);

3. 对自杀者家属的态度(F3);

4. 对安乐死的态度(F4)。

对所有的问题,都要求受试者在完全赞同、赞同、中立、不赞同、完全不赞同作出一个选择,

将对自杀的态度划分为三种情况,≤2.5分为对自杀持肯定、认可、理解和宽容的态度,>2.5—<3.5为矛盾或中立态度,≥3.5认为对自杀持反对、否定、排斥和歧视态度。本问卷的总分或总均分无特殊意义,各维度可单独使用。

参考文献

1. 崔丽娟等.心理学是什么[M].北京:北京大学出版社,2002.

2. 吴增强.学校心理辅导通论[M].上海:上海科技教育出版社,2004.

3. 廖冉等.90后大学生积极心理健康教程[M].北京:中国物质出版社,2012.

4. 苏碧洋.大学生心理健康教育与辅导[M].福建:厦门大学出版社,2012.

5. 吴萍娜.大学生心理健康与发展:我的大学,从"心"开始[M].福建:厦门大学出版社,2013.

第十章　师范生积极心理品质的培养

小小日记

今年6月，小小刚刚毕业于师范院校，她以优异的成绩通过教师招考考试，并在面试时，过关斩将考入了一所省级重点小学。走上工作岗位的小小老师对未来充满自信，对教育事业充满热情。但是，每天繁忙的教学任务、琐碎的班级管理工作，让她感觉一下子适应不了，她每天都忙得晕头转向，无所适从。

最近她又遇到了新的问题，因为初来乍到的她对所教班级的学生很友好，课间与孩子们打成一片，成为名副其实的孩子王，然而，久而久之孩子们都不害怕她，有些调皮的学生甚至不把她放在眼里，在她的课堂上随意发言，甚至不认真完成她布置的作业，她的课堂总是乱糟糟的，前几天校领导巡课发现了这个情况，把她叫到了办公室谈话，让她要保证好教学质量。面对这样的困境，小小老师很困惑，不禁问自己：到底该如何摆正自己的位置？

点　评

小小老师最初由于想与学生建立良好的师生关系，对学生过于友好与宽容，结果导致一些学生并不尊重她，甚至影响她的课堂纪律。对于刚走出大学校园的学生来说，角色的突然转变容易让她迷失自己，新教师要尽快适应角色的转变，明确自己已为人师，在学习上做学生的引导者，在生活中做学生的朋友。关心热爱学生、尊重信任学生，尽快定好自己的位置，有效地处理好师生之间的关系。

学习目标

1. 了解师范生育人维度的积极心理品质
2. 熟悉新教师常见的心理问题
3. 掌握新教师保持良好心态的调试方法

学习手记

第一节　师范生的积极心理品质概述

师范生是未来的教师,是大学生中具有特殊职业倾向的一类群体,张景焕等人在研究师范生心理素质时指出,师范生的心理素质还包括为以后从事教师这一职业所要求的,与学生身心发展密切关联的,同时又具有一定的可教育和培养特性的与能力相区别的心理品质。梁宁建等人也认为师范生的心理素质有特殊要求,需加上与教育实践相关的内容。因此,本章内容围绕师范生的积极心理品质展开,认为师范生不仅需要培养一般大学生所包含的积极心理品质内容,还应培养育人维度的积极心理品质,具体包括责任心、教育效能感、角色认同。

一、责任心是师范生积极心理品质的基础

(一) 责任心的内涵

责任心对教师而言,是师德的一项重要内容,也是师德的外在表现。作为老师,有时责任心比能力更重要。教师的教育责任心,体现在对待教育事业、对待学校、对待学生的工作态度与教育实践中,体现在自身的教育业绩中。没有教育责任心,也就没有真正的教育。

对学生的教育是一项长期的、艰巨的工作,也是一项细致的、反复的工作。每一位教师都要有充分的思想准备,要积极的对学生实施正面教育,帮助学生树立正确的世界观、人生观。要引导学生努力学习文化知识,学习专业理论,提高技术水平。要允许学生犯错误,允许学生在改正错误和缺点过程中的反复和反弹,要能细致观察到学生的变化,哪怕是细微的进步。因此,教师需要具备高度的责任心、对学生体贴入微的爱心、宽广的容人之心和锲而不舍的耐心。

(二) 师范生责任心的体现

作为一名师范生,责任心是一种动态的体现,不仅包含对未来学生的社会责任,还包括对未来职业中自身发展的专业责任上。

师范生对未来学生的社会责任包括教学、管理和人际三种。在教学上,师范生未来承担着传授知识、培养能力的社会责任;在管理上,承担着领导学生集体,管理课堂纪律的社会责任;在人际上,承担着协调关系、行为矫正、影响学生心灵的社会责任。师范生的社会责任是教书育人的基本职责,是教师职业在社会上表现的显性形象,新教师在角色实践中会直接感受到。

师范生从培养自身教师专业化和自我成长的角度,有责任让自己成为学者、行家和导师。首先是努力做一个孜孜以求的学习者,广览博识、厚积薄发;其次,是争取做一个学科教学的专业工作者,讲、析、做、演,信手拈来。最后,是做一个严师益友的智者,关爱学生、共同发展。教师发展的专业责任是教师职业的理想追求,是教师在课堂上表现出来的隐性形象,新教师要通过不断的角色实践才能达到的境界。

二、教育效能感是师范生积极心理品质的核心

(一) 自我效能感与教育效能感

自我效能这一概念是班图拉(A. Bandura)于 1977 年首次提出来的。20 世纪 80 年代后这一理论得到了丰富和发展。在班图拉看来人的行为不仅受行为结果的影响,而且还受对行为期望的影响。他把行为的期望分为两种:一种是对结果的期望,如果人预期到哪一种行为将会导致好的结果,那么这一行为就会被激活和被选择。如教师认识到认真备课会获得好的教学效果,他就会积极备课;另一种是效能期望,是指人们对自己能否成功地进行某一成就行为的主观推测和判断,这就是所谓的自我效能感。

根据班图拉的理论我们把教师的教学效能感定义为:"教师对自己影响学生学习行为和学习成绩的能力的主观判断。"它包括两个方面,即一般教育效能感和个人教学效能感。一般教育效能感是指教师对教育在学生发展中的作用,教和学的关系等问题的一般看法和判断。即教师是否相信教育的量,如有的教师相信通过教育可以使差生变好,而有的教师则认为差生是由遗传、家庭、社会等多种因素造成的,教育难以使他改变。一般教育效能感是教育理念和信条的反映。个人教学效能感是指教师对自己教学能力高低的判断。如教师相信自己能够教好某一门课程,相信自己能够教育好学生等。

(二) 师范生教育效能感的体现

教师要圆满完成教学活动,就必须具备八种基本能力:组织教材能力、记忆力、逻辑思维能力、口头表达能力、观察力、注意分配能力、板书能力及课堂管理能力。从师范生转向一名新教师阶段,其教育效能感主要体现在不断殷实与提高自身教学基本能力上。师范生可根据自身特点,在大学阶段不断培养自己的各项能力,例如通过学校的各项活动、比赛,提高自己的三笔字水平、口头表达能力等;通过下小学的见习与实习增强组织教材能力、课堂管理能力等,师范生在学习过程中不断体验作为教师角色的教育效能感。

而从一名新手教师转向有专家型教师,教学方式则存在四个阶段的转变:模仿性教学——独立性教学——创造性教学——风格性教学。这四个阶段分别由依赖老教师指导到摸索独立教学、再到有所创新,最终创造出自我风格的教学模式,新手教师在讲台实践中不断增加自身的教育效能感。

二、角色认同是师范生积极心理品质的发展

(一) 角色认同与角色混乱

职业认同程度是决定一个人职业发展成败的重要指标。这里的职业认同主要是指角色认同。

心理学家米勒认为认同感是一种社会心理稳定感,具有群体性或社群性,即"认同的本质,不但是'心理'的,它也包含'群体'的概念,是一项'自我的延伸,是将自我视为一个群体的一部分'。这是认同的核心。"从社会学的视野来看,社会学的认同理论研究主要集中在角色认同(role identity)方面,即参照群体将社会认知内化为自己行动的社会过程。认同是教师在社会

生活中对自己所从事的职业的内在接纳。一个形成了职业认同的教师能成功扮演教师的角色,将他个人的全部力量都调动到教书育人所扮演的角色中来,感受工作带给他的成就感、满足感以及幸福感。反之,缺少职业认同,教师在工作中就会出现角色失调、角色冲突,甚至产生行为偏差。

(二)师范生角色认同的发展变化

师范生从入学起对自身角色就有一定的认识。初为人师,师范生从学生转变为教师的重大转变,这种变化主要集中在四个问题上。一是新教师如何与学生相处?二是如何适应繁忙的工作?三是如何从松散的学生生活过度适应新的工作环境?四是如何有效地进行教学?如果没有很好地解决这四个问题,成为一名新教师的师范生将很难做好角色适应与角色认同。

新课程指出,教师是学生学习的引导者,是学生生活中的朋友。新教师要做到关心学生、热爱学生、尊重学生、信任学生,以平等的身份与学生相处。做到课堂上是良好纪律的组织者,良好学习氛围的营造者,良好学习方法和过程的引导者;课外是学生生活的帮助者和心灵的倾听者。同时新教师还应该学会有效处理师生关系的技巧,不能让学生从一开始摸着他们的脾气,否则就会在师生交流中陷入被动。因此,作为新教师要在和学生交往中做严师,更要做益友。

面对繁忙的工作与崭新的环境,新教师要尽快转变观念,明确自己已为人师,要有强烈的责任心,努力让自己适应忙碌的教学活动并在教学中找到快乐,使自己的忙碌变得有意义。努力使自己适应新的环境,积极参加学校的各项活动,多与学生和同事交流,与他们建立友谊,逐渐喜欢上自己新的环境,从而积极健康地对待生活。

新教师必须虚心向老教师请教学习。做到多听课,多观摩,多实践。因为老教师拥有长年在实践中积累起来的教学经验,有丰富的生活阅历,对于学生的心理特点,他们研究掌握得很多。要试着跟这些老师合作,不断自我完善。此外,新教师还应该多写一写教学案例反思和随笔,认真对待每一堂课,做学习型的教师,不断探索新的教学方法,做一个快乐的研究者。

第二节 新教师的常见心理问题与分析

一、期望与现实落差导致的失落感

刚参加工作的新教师有着对社会的无限憧憬,也有对事业前途的定位和设想。当现实社会与他们心目中的社会不统一,就会出现心理落差。感到很不适应新的环境、人际关系和生活方式。感到自己所取得的成就与原有的期望有很大的差距,个人的努力和成绩得不到学生、同事和学校领导的充分肯定。由此产生困惑甚至造成心理失调、心理痛苦,逐渐出现失落、自卑、焦虑、忧郁等情绪反应。

从学生的角度说,他们对新教师都充满着期待。但由于新教师刚从学生的角色转换成教师,缺少实践经验,在制定教学目标和计划时往往存在"单相思"现象,与学生实际相脱离,教学目标显得太高;教育教学手段单一,课堂教学乏味单调,不能有效激发学生的学习兴趣;在与学生相处上缺少沟通交流,得不到学生的尊重。部分新教师感到在学生面前的"权威"和良好形象无法得到体现,会失去作为老师的成就感,由于对学生"失望"带来心理痛苦。

新教师希望自己的工作环境像一个和谐的大家庭,大家能和睦相处。但在激烈竞争下,教师同伴同时又成了自己工作业绩的竞争对象。这些现象都与大学的理论教育截然相反,也在自己意料之外。再加上参加工作后,教师之间的关系往往不像在学习阶段的同学关系那样亲密。这就自然引起新教师的孤独、失望,进而引起心灵伤痛,产生由于对同伴的"失望"带来的心理痛楚。

在新教师心目中,学校领导应是慈爱的、宽容的,就像自己的长辈一样。但在刚参加工作阶段,学校领导和年轻教师的交往,较多的是听课、检查教案等工作检查。对新教师的工作业绩要求过高,对新教师的情感和心理感受关注不够,缺乏必要的交流。新教师会感受到由于对领导的"失望"带来的心理困惑。

新教师在从教之前往往具有较强的自我意识,缺少换位思考的能力。从教之后,在与学生、同事、学校领导交往时,往往表现出对自己的利益考虑得多,他人利益和学校利益考虑得少,缺少奉献和自我牺牲精神,个人的教学经验和成果不愿被他人分享。怕自己的教学"秘诀"被他人"偷窃",从而失去竞争力。在与学生相处时,总希望学生能绝对服从,否则就认为"不是好学生"。正是这种个人主义行为,在情感上得不到同事、领导、学生的尊重,感觉孤独,为此而苦闷。

二、实践性经验缺乏导致的压力

新教师面临的最大心理压力就是实践性知识的缺乏。新教师在师范院校学习了一定的教育理论,但这往往不能有效构建起一个合格教师所必备的教育理论体系,更重要的是不能与教育实践相结合。对于教学实践,往往只有不到两个月的教育教学实习经历。在实习阶段,实习学校一般会安排较多的观摩、见习时间,只安排2—3节课的实际讲课。导致新教师的课堂教学实践性知识主要来自中小学阶段自己的老师。导致新教师驾驭课堂能力不足,课堂应变能力差,课后反思能力弱。教育教学结果不尽人意。在制订教学目标上比较死板,忽视了学生的实际情况;在知识的传授上,不能从学生的实际出发创造性处理教材,而是机械地执教教材;在教学方式上过分强调学科知识,忽视了学科教学的情感和兴趣等因素。就感到力不从心,情绪低落,对工作也变得没有兴趣,觉得自己没用,搞不好教学,管不了学生。

对新教师来说,也会遇到由于育人技能欠缺带来的认知障碍。他们最怕学生在课堂上不遵守纪律,不尊重教师,不按照教师的要求去完成各项学习任务。更担心个别调皮学生带头破坏课堂纪律。特别是刚开始执教时,对在上课时捣蛋做小动作、破坏课堂纪律、违反学校纪律的学生往往束手无策。尽管采取了各种方法,但收效甚微,甚至会出现由于管理不善和方法欠妥造成新教师与学生及家长的情绪对立。怎样在学生面前树立教师的威望确实是困扰新教师的一大心病。这种由育人技能差造成的问题经常困扰着新教师。

新教师虽然都学过一些心理学知识,但他们缺乏在教育实践中对心理学知识的应用能力。对于先天心理素质差的新教师在面对各种来自学校的教育竞争压力时,往往表现出自信不足和恐惧感,不能进行有效自我调节。在遇到一些不愉快的事情时就显得愁眉苦脸。实践性知识的缺乏,会导致新教师任职之初教学事故的发生。这时的教学事故,会使新教师产生强烈的挫折感,进而在内心形成一种强烈的心理压力。

三、角色转换导致的心理问题

让刚踏出大学校门的学生,突然转换成具有要以"学生的发展为中心"的教师角色,角色转换突兀。学生心目中的教师是神圣的,是知识的传承者,具有一定的权威性和模范性;但新教师往往因缺乏一些基本的生活和工作技能而难以成为"学高为师"的典范。

首先,从校门到师门,从学生到教师,这是新教师人生旅程的一个根本转折。它标志着新教师作为纯粹的消费者和受教育对象的结束,从此进入社会生产的劳动行业并成为教育者。生活上长期靠父母、同学照顾,现在一切都得靠自己,这些都很容易造成新教师心理上的失落感。

其次,新教师作为现实社会中的人,必然要同社会的方方面面发生关系,并在社会方方面面的比较中寻找自己的角色。而在这种寻找自己的角色的过程中,很容易造成心理失衡,引起心理冲突,无法适应自己的职业角色。在与其他社会成员的交往中,由于对方的政治、经济地位和态度、行为表现以及新教师自身的敏感性,常常会对自己所充当的这一角色感到己不如人,不满意,甚至失望。新教师在与学校一般成员的比较中,又容易引起心理冲突,有些教师由于其教学质量高,班级管理出色,会更多地受到学生、领导、同事及社会的尊敬,在教师群体中就得到较高的地位,进而也会取得较高的社会、政治地位,从而产生职务的满足,新教师由于缺乏丰富的教学经验,教育、教学能力正处于逐渐增强的过程中,其自身的能力与才干有可能没有被发现,或者没有显露的机会和场合,加之论资排辈观念的影响,因此在教师群体中,处于相对较低的地位。

最后,也是最重要的一点是,长期以来,"人类灵魂的工程师"的角色定位使教师被赋予了太多的使命和责任,承担着多重角色。既是知识的传播者又是科研成果的创造者;既是学生群体的领导者又是学校领导的被管理者;既要做班级的管理者又要当好学生的良师益友;既要和家长、同事、领导打交道又要应付现实生活中的多种人际关系,如此种种,都需要教师具有较强的自我调控和随时进行角色转换的能力,而这种高度的自我调控能力又是一般人难以具备的。这也是教师,特别是新教师产生心理问题的根本原因。

四、教师职业特点引发的心理失衡

作为新教师,因为"为人师表"的教师职业、地位,以及现代社会对教师的高要求和学生家长的评价监督,使得新教师时时感到担忧和紧张,从而忧心忡忡,整天感到不安,长此下去,便形成了过度焦虑。经常处于紧张状态,容易产生恐慌反应,缺乏随机应变能力,阻碍教师创造性发挥。

有些工作能力一般但热爱教师岗位的新教师,在面对高质量的教育要求时会显得紧张与不安。特别在当前学校进行教师聘任、末位淘汰、按绩取酬等用工制度改革时,很多情况下新教师会成为末位淘汰的对象,成为落聘的对象。因此,每次到期中和期末时,新教师会显得特别焦虑,往往会引起他们的心理恐慌。

对于一些志向远大、有才气、有能力的新教师而言,他们在工作上都有自己美好的目标,而且对教育工作非常投入,有些新教师在工作上还有引人瞩目的成绩。他们觉得,投入与产出应该成正比。但遗憾的是,与校外的有些高收入行业比较,他们感到自己的付出得不到社会的公平待遇;与校内的有些老教师比较,他们又发现老教师的奖金和各种待遇还是比他们高。这种付出与回报的不对等往往会影响他们的工作热情和心理平衡。

第三节　新教师保持良好心态的调试方法

一、确立自身教育理想,增强责任感

新教师首先要充分认识职初阶段的个人成长对一生的影响。参加工作之初就要确定自己的教育理想,并为之奋斗终生。自我人生目标不要定得太高,远离自我的实际能力。要摆正心态,面对现实,针对自己的实际情况,在不断权衡后制定自己的长期和短期目标。其中长期目标需要凸现长远性、系统性,短期目标需要体现可操作性、易实现性。在分别制定了两种目标后可以投身到学校的教育教学中。把自己的"抱负水准"分解成由低到高若干步。例如:半年的目标是什么,一年的目标是什么,三年的目标是什么,五年的目标是什么。然后采用小步子强化法,由易到难,逐个突破。由于目标的制定带有一定的主观性,并受当时条件的影响,一定会出现局限性,在实施过程中要及时调整目标和步骤,让自身的发展与学校发展、整个教育的发展同步一致。

二、注重积累实际经验,提升教育效能感

学会倒出水,才能装下更多的水。从毕业那天开始,学会把每天都当成一个新的起点,每一次工作都从零开始。如果你懂得把"归零"当成一种生活的常态,当成一种优秀的延续,当成一种时刻要做的事情,那么,经过短短几年,你就可以完成自己职业生涯的正确规划与全面超越。

在职业起步的短短道路上,想要得到更好、更快、更有益的成长,就必须以归零思维来面对这个世界。不要以大学里的清高来标榜自己,不要觉得自己特别优秀,而是要把自己的姿态放下,把自己的身架放低,让自己沉淀下来,抱着学习的态度去适应环境、接受挑战。放下"身段"才能提高身价,暂时的低位终会促成未来的高就。

新教师要勇于将原来环境里熟悉、习惯、喜欢的东西放下,然后从零开始。想在职场上获得成功,首先就要培养适应力。从自然人转化为单位人是融入职场的基本条件。一个人起点低并不可怕,怕的是境界低。越计较自我,便越没有发展前景;相反,越是主动付出,那么他就越会快速发展。很多今天取得一定成就的人,在职业生涯的初期都是从零开始,把自己沉淀再沉淀、倒空再倒空、归零再归零,正因为这样,他们的人生才一路高歌,一路飞扬。吐故才能纳新,心静才能身凉,有舍才能有得,杯空才能水满,放下才能超越。

把踏实作为做事的原则,把认真作为做人的准则,让优秀成为习惯,就一定会奠定一生成

长的坚实基础。

三、努力适应新环境,做好角色转换

一个人只有适应环境,才能有所发展。少埋怨,多实干。在社会生活中,人不可避免地要与各式各样的人相互往来,从而不断地受他人影响,也不断地影响他人,形成纷繁复杂的人际关系。人际关系不单指人与人之间静态的必然关系,它更强调人与人之间行为的相互影响。人与人之间有着不同的关系,而在社会中扮演各种角色。任何教师都必须处理好与其他教师、学生、领导、家长以及家庭、社会上所有人的关系。

人总是从平坦中获得的教益少,从磨难中获得的教益多;从平坦中获得的教益浅,从磨难中获得的教益深。一个人在年轻时经历磨难,如能正确视之,冲出黑暗,那就是一个值得敬慕的人。最要紧的是先练好内功,毕业后这五年就是练内功的最佳时期,练好内功,才有可能在未来攀得更高。

在教师的成长过程中,总有一些关键的人和事。对你帮助最大的人可能就是你刚参加工作时遇到的教研组长、你所教班级的班主任、你的年级主任或某一位老教师。遇到学习、工作和思想上的问题时要首先和你信任的同事、领导请教,也可和你同时参加工作的新教师交流。

四、了解教师职业发展途径,平衡心态

新教师要更新健康观念,加强对心理知识的学习。长期以来,人们习惯于健身,却忽视了心理的健康。就是有了心理疾病,也讳于去看心理医生,这也自然影响着新教师的心灵。对此,新教师要清晰地意识到物质富裕的时代,心理问题比物质贫乏的时代更为突出。随着时代的变化,人们的心理问题将更加复杂化。心理问题是一个关系生命质量的科学问题,应该光明磊落地去面对。因此,新教师要与时俱进,从最新的有关心理学杂志和生活中了解处理心理问题的相关知识。

要学会心理保健,掌握基本的心理应用技巧,提升自己的心理素质。在新的工作和社会生活中,对于经验不足的新教师遇到各种不开心的事是难免的,关键是如何面对和处理。当新教师已经意识到心理健康的重要性时,仅凭学到的有关心理知识是不够的,还需要学会如何去应对和处理。掌握在不同类型、不同背景下产生心理问题的常规处理方法,以便于自己遇到心理障碍时能学习和借鉴。

活动与拓展

活动1:职业生涯线(教育效能感)

活动目的:引导学生回顾过去经历对未来职业是否有所积累,分析当下状态需要做的准备,并思考未来希望在职业生涯中达到的目标。

活动时间:25分钟

活动内容与过程：

1. 在职业生涯线上标出今天你的位置，写上今天的年龄和日期。思考目前自己的状态对职业的优势与劣势分别是什么？将自己的希望写在纸上，并连接到职业生涯线中。

2. 预测出你的开始职业生涯的年龄，思考从现在开始，为了职业发展，需要做的准备，并写出其中的至少5个，将它们分别连接到职业生涯线中。

3. 预测出你达到职业巅峰的年龄，思考在职业生涯的巅峰期，自己希望达到的水平，以及具体表现，将它们连接到职业生涯线中。

4. 预测出你离开职业生涯的年龄，并思考在巅峰后，离开前还希望自己做的工作是什么？将它们连接到职业生涯线中。

注意事项： 可将自己做的计划与同学、老师分享，或自己思考是否实际可行。

结束语： 职业生涯线虽然只在我们的笔下，但更在我们的心中与脚下。带着我们的梦想与希望，根据自己的计划，一步一个脚印，逐步达到自己的职业目标！

职业生涯线

姓名：

你的任务：1. 标出今天你的位置，写上今天的年龄和日期
2. 预测出你的开始职业生涯的年龄
3. 预测出你达到职业巅峰的年龄
4. 预测出你离开职业生涯的年龄

预测职业巅峰时间的依据：本人的健康状况
本人的优势与劣势
该职业的常规发展状况

目前状态对职业的影响：

我现在 _____ 岁时，对我未来职业而言

我的优势：

我的劣势：

我希望：

将它们连接到职业生涯线中你觉得合适的时间段里

为职业发展,我想做的准备:

(写出至少 5 个,职业最重要的准备)

- 当我_____岁时,我想做:
- 当我_____岁时,我想做:
- 当我_____岁时,我想做:
- 当我_____岁时,我想做:
- 当我_____岁时,我想做:

将它们分别连接到生命线中你觉得合适的时间段里

职业巅峰时期

- 当我_____岁时,我能成为_____

具体表现在:

职业巅峰后,离开职业生涯前

- 当我_____岁,我还希望在职业生涯中发挥我的余热,我想做:

将它们分别连接到生命线中,你觉得合适的时间段里

活动 2:职业冥想:五年后的我(建立角色认同)

活动目的:引导成员闭上眼睛对过去曾有过的所有职业梦想进行回顾,并展望五年后的某一天。

活动时间:25 分钟

活动内容与过程:

1. 围成圈,以最放松的姿势坐好。

2. 指导语:我们来想象一下未来 3 年、5 年、10 年后的自己将变成怎样的一个人。那时的你在哪里做什么呢?是否已经成为了一名人民教师?等一下我们要透过时空旅行的活动,带你们到我们的目的地,5 年后的某一天,感觉一下那时的生活……准备好了吗?让我们一起进入未来生涯。

好,现在请你尽可能放松。在你的位子躺下或调整你觉得最舒服的姿势,注意我的指导语,幻游过程中不要交谈或发出任何声音,按照我的指示,尽可能将注意的焦点集中在你心中想象的图像。

现在,闭上眼睛,尽可能放松自己……,调整你的呼吸,呼气……、吸……气、呼气……、吸

大学生积极心理教育

气……想象你已经来到未来 5 年后的世界,在 5 年后的某一天……你刚刚醒来。你在哪儿?你听到什么?闻到什么?你还感觉到什么?有人与你在一起吗?是谁?

现在,你已起床了,下一步要做些什么?

现在,你正在穿衣服,请注意,你穿些什么?

现在,你正要去某个地方,那是你工作的地方,你对这地方的感觉如何?在这儿你要做些什么?旁边有人吗?有的话,与你是什么关系?你现在要开始一天的工作,现在是上午 8 点钟,你打算做些什么呢?请你自由想象一会……

一个上午很快就过去了,你中午在工作的单位吃过了丰盛的午餐,回到办公室小憩了一会,又开始下午的工作,现在是下午 2 点钟,你打算做些什么呢?请你自由想象一会……

一天的工作结束了,现在,你回家了,有人欢迎你吗?回家的感觉怎样?

你准备去睡了。回想这一天,你感觉如何?

你希望明天也是如此吗?你对这种生活感觉究竟如何?过一会儿,我将要求

你回到现在,回到教室来。好的,我现在倒数十下,你会慢慢苏醒过来,10……9……8……7……6……5……4……3……2……1……,好的,你现在回到了教室。

3. 轮流分享幻游中的所见所闻所感。

结束语: 虽然 5 年距离现在还有一段时间,但未来的生活其实就在脚下,思考未来,有助于自己去反省现在,并找到自己的生活目标。让我们提起青春的裙角,为梦想、为更好的人生共舞吧!

课外资源

【心书推荐】

1. [美]艾斯奎斯.第 56 号教室的奇迹[M].卞娜娜,译.北京:光明日报出版社,2014.

2. [美]简·尼尔森.正面管教[M].玉冰,译.北京:京华出版社,2010.

3. [苏]B. A.苏霍姆林斯基.给教师的建议[M].北京:教育科学出版社,2005.

4. [美]汤普森.从教第一年[M].赵丽,卢元娟,译.北京:中国轻工业出版社,2007.

5. [加]范梅南.教学机智(教育智慧的意蕴)[M].李树英,译.北京:教育科学出版社,2001.

【观影疗心】

1. 放牛班的春天,2004 年,导演:克里斯托夫·巴拉蒂

2. 生命因你动听,1995 年,导演:斯蒂芬·赫瑞克

3. 心灵捕手,1997 年,导演:格斯·范·桑特

4. 小孩不笨,2002 年,导演:梁智强

5. 地球上的星星,2007 年,导演:阿米尔·汗,阿莫尔·古普特

心理测试

教师情绪调查表

1. 最近,学校同事之间关系越来越和谐了,大家彼此相处都十分愉快;(是 否 不确定)

2. 平时如果工作与生活上有什么问题,我愿意与校长或学校有关领导沟通;

（是　否　不确定）

3. 最近一段时间,只要一走进学校我就感到心烦;　（是　否　不确定）

4. 不管遇到什么事情,只要一走进教室看到学生,我就感到振奋;　（是　否　不确定）

5. 无论在校内还是校外,见到校长或学校其他领导,只要有可能我总是尽量避开,最好不要和他们见面;　（是　否　不确定）

6. 尽管学校条件还比较有限,但我感到学校的设施设备用起来还是十分方便;

（是　否　不确定）

7. 除了本职工作,我很少关心学校其他的事情,学校的大事由校长操心,用不着我们多管;　（是　否　不确定）

8. 学校的教师都在忙着自己的事情,谁都不会去管别人的事;　（是　否　不确定）

9. 在学校最心烦的是经常可以听到别人在背后议论我;　（是　否　不确定）

10. 我班学生的基础就是比别班的差,学习也不用功,见到他们我常有无可奈何的感觉;

（是　否　不确定）

11. 我常常为自己能给学校发展出一些好点子而感到自豪;　（是　否　不确定）

12. 对社会上一些人不负责任地议论我们学校,我会感到十分气愤。　（是　否　不确定）

第1、8、9题反映的是学校教师之间的人际关系。选择了第3题,教师一走进学校感到心烦,说明教师在工作中有挫折感和心理问题。第4题是教师教学成就感的反应,与第3题配合使用。第2、5题反映的是学校干群关系。第6题反映的是对学校的整体感受。第7、11题反映的是学校管理的民主程度。第10题反映的是教师教育教学的自我感受,在某种程度上反映了近期教师教学的成败。第12题反映的是教师对学校的主人公态度。

参考文献

1. 张景焕,王晓玲,常淑敏,张承芬.师范生心理素质的结构及特征[J].心理学探新,2008,28(1).

2. 梁宁建,殷芳.师范生心理素质评价体系的研究[J].心理科学,2000,23(3).

3. 陈琦.教育心理学[M].北京:高等教育出版社,2001.

4. 伍新春.高等教育心理学[M].北京:高等教育出版社,1998.